JN302931

けん引
第一種・第二種免許

合格の基本と秘訣

全免許を取得した経験から合格のノウハウを開示

木村 育雄 著

企業開発センター交通問題研究室

けん引免許を受験する皆さんへ

　現在、陸上貨物輸送において、輸送の効率化や船便用コンテナ貨物の輸送のために重被けん引車（トレーラ）による貨物輸送が重要な位置を占めています。ところが、このトレーラの運転に必要となるけん引免許を取得するための市販の出版物が現在のところ存在していない状況にあります。このため、けん引免許に挑戦しようとしている受験者が、効率よく、免許を取得できるようにすることを目的に本書を出版いたしました。

　本書は筆者が各種の運転免許（普通・大型・大型特殊・けん引・大型第二種・大型特殊第二種・けん引第二種・大型自動二輪・普通自動二輪）の取得のための練習・研究・受験を通じて得た、どうしたら合格できるかのノウハウに基づいて作成されています。最も難しいと言われている方向変換の仕方だけでなく、方向変換に失敗したときの切り返し方法や、トレーラのバックがハンドルを逆に切る理由、模型を作って動かしてみる効果、後退が安全確認の見せ所であること、指示速度はメーターの針を何キロに合わせるのか、自作コース図を作ること、何をすると減点されるのか、といった実践的で、効率よく技能試験に合格するための内容になっています。

　また、本書は、どうすれば道路交通法の目的である『安全で円滑な道路交通』を確保するための運転ができて、その道路交通法に基づいて採点される技能試験で減点されずに合格できるかがわかるようになっています。この基本は車種（種目）によらず同じですから、どの運転免許を取得するときにも役立ちます。本書に記載された詳細な安全確認の仕方、運転の仕方を2時間ずつ2日間練習しただけで、運転免許試験場の技能試験（一発試験）で大型第一種免許に1回で合格した例もあります。本書に記載されている詳細な安全確認の方法は試験に合格するためだけではなく、実際に道路を走るときの交通事故防止にも役立ちます。

本書の狙いとするところを十分に理解して、一日も早く、効率よく、けん引第一種、けん引第二種の運転免許を取得されることをお祈りします。

2009年1月吉日　　　　　　　　　　木村　育雄

目　　次

第1章　けん引免許を受験する前に
1　けん引第一種免許、第二種免許とはどんな免許か …………　10
2　けん引車（トレーラ）のバックはハンドルを逆に切る………　11
3　短いトレーラは難しい ………………………………………　14
4　トレーラ特有の3つの現象 …………………………………　15

第2章　けん引免許の試験
Ⅰ　けん引免許受験ガイド ……………………………………　18
1　けん引免許を取得する方法 …………………………………　18
2　受験資格のある人 ……………………………………………　18
3　受験申請に必要なもの ………………………………………　18
4　運転免許試験はこう行われる ………………………………　19
5　第一種免許と第二種免許の試験の違い ……………………　23
Ⅱ　けん引免許の技能試験と運転練習 ………………………　24
1　卒業させる試験と落とすための試験の違い ………………　24
2　実力をつけるには ……………………………………………　24
3　練習してもダメかもしれないと疑わない …………………　25
4　模型を作り机上で試す ………………………………………　26

第3章　けん引免許技能試験マニュアル
Ⅰ　試験場・技能試験での全般的な注意 ……………………　28
1　試験で満点を取る必要はない ………………………………　28
2　服装 ……………………………………………………………　28
3　試験官の指示・注意をよく聞き、はっきりしゃべる………　28
4　安全運転第一 …………………………………………………　28
5　型の意味 ………………………………………………………　29

6	徐行場所の厳守	30
7	横断歩道は左右を確認	30
8	停止線は線幅1本あけて停止	31
9	止まったら、まずサイドブレーキ	31
10	走行時にはサイドブレーキをきちんと戻す	32
11	短区間でもメリハリ加速が必要	32
12	優先道路では先に行く	33
13	車体が斜めになって停止するようなときは右折・左折を開始しない	33
14	脱輪・接輪しそうになったら停止し、切り返す	34
15	後退に注意	35
16	ラインを踏まない	35
17	コースを間違えない	36
18	法規通りの右折	37
19	法規通りの左折	38
Ⅱ	技能試験の個々の課題	39
1	乗車	39
2	降車	40
3	窓閉め、シート・ミラーの調整、シートベルト・ワイパーの使用など	41
4	速度計の目盛りの確認、フックの見え方の確認	41
5	ハンドルの持ち方、回し方	44
6	エンジン始動	45
7	発進時の安全確認と発進	46
8	2速で発進する	47
9	停車	47

10	エンジン停止	48
11	ギアチェンジ	49
12	加速	50
13	減速	51
14	徐行	52
15	一時停止	53
16	合図・進路変更	54
17	右折	55
18	左折	58
19	右折、左折の連続	62
20	周回道路・幹線道路での直進	63
21	指示速度での走行	64
22	路側帯・センターラインとの距離	64
23	カーブの走行	66
24	障害物回避	68
25	Ｓ字	68
26	踏切の通過	72
27	直線後退	73
28	後退車線変更	76
29	後退方向変換	79
30	トラクタとトレーラの一直線の確認方法	89
31	方向変換に失敗したときの切返し方法	89
32	その他の後退方向変換の方法	91

Ⅲ 技能試験の個々の課題のチェック ……………… 92

第4章　けん引免許技能試験ガイド

Ⅰ 技能試験コースガイド ……………… 94

	1	コース図を自分で作る………………………………94
	2	技能試験の実施基準……………………………98
	3	試験課題設定基準………………………………100
Ⅱ	試験コースの走り方と減点一覧………………………101
	1	発進…………………………………………………101
	2	加速…………………………………………………102
	3	一時停止……………………………………………102
	4	進路変更……………………………………………103
	5	交差点の通過………………………………………104
	6	右折…………………………………………………106
	7	左折…………………………………………………107
	8	周回道路・幹線道路………………………………107
	9	カーブ………………………………………………108
	10	障害物………………………………………………109
	11	坂道…………………………………………………110
	12	Ｓ字（曲線）コース………………………………110
	13	クランク（屈折）コース…………………………111
	14	鋭角コース…………………………………………112
	15	踏切…………………………………………………112
	16	方向変換……………………………………………113
	17	縦列駐車……………………………………………114
	18	停止・駐車…………………………………………114
Ⅲ	試験が中止される場合…………………………………116
Ⅳ	最後に……………………………………………………117

第1章
けん引免許を
受験する前に

1 けん引第一種免許、第二種免許とはどんな免許か

けん引第一種免許、第二種免許の受験には、現に大型免許・中型免許・普通免許・大型特殊免許のいずれかの免許を受けていることが必要です。けん引第二種免許の受験には、さらにけん引第一種または他の第二種免許を受けていることが必要です。

視力の条件もけん引第一種免許の場合でも大型、中型、すべての第二種免許と同様に厳しくなっています。大型免許のある人がけん引免許を取れば大型自動車のけん引自動車で重被けん引車（車両総重量750kgを超える被けん引車）をけん引できます。中型免許・普通免許・大型特殊免許のある人がけん引免許を取れば、中型自動車・普通自動車・大型特殊自動車のけん引自動車で重被けん引車をけん引できます。

また、大型・中型・普通・大型特殊の第二種免許とけん引第二種免許があれば、大型自動車・中型自動車・普通自動車・大型特殊自動車で旅客を乗せた重被けん引車をけん引できます。

図1.1　重被けん引車（トレーラ）

2　けん引車（トレーラ）のバックはハンドルを逆に切る（トレーラの構造と操舵輪）

　一般にトレーラをバックさせるときは、ハンドルを逆に切ると言われています。これはなぜでしょうか。ここには、けん引の免許を取得するうえで必ず理解していなければならない重要な要素が含まれています。

　まず、乗用車を始めとする四輪車とけん引車の構造を比べてみます。図1.2のとおり、四輪車では前輪は運転席の前方にあり、後輪は運転席の後方にあります。一方、けん引車の場合は運転席のあるトラクタの部分でみれば、前輪は運転席の下方にあり、後輪は四輪車と同様に運転席の後方にあります。このトラクタの後輪がトレーラの前輪（操舵輪）になっていて、全体として六輪車の構造になっています。

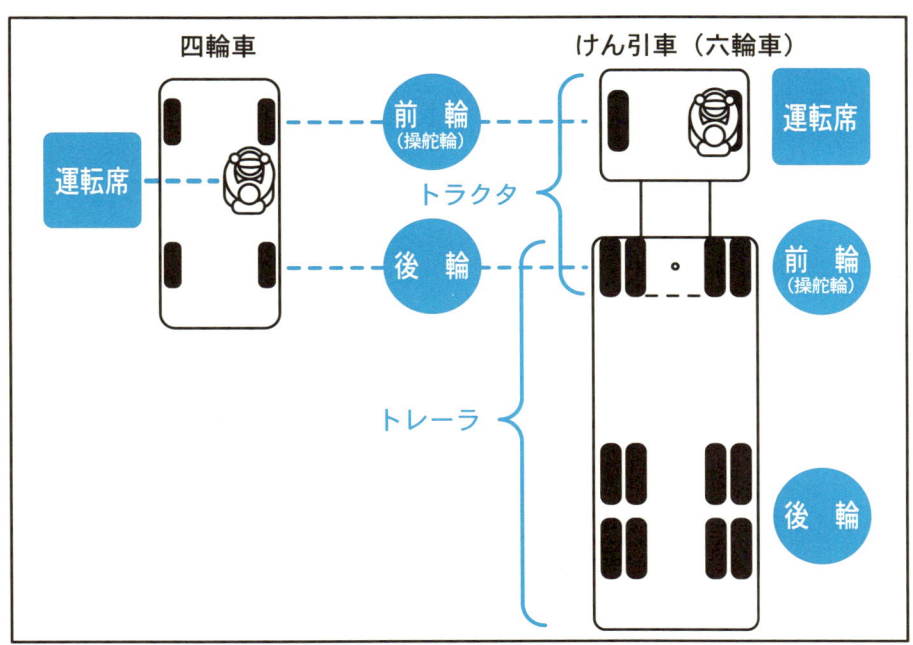

図1.2　四輪車とけん引車の構造の違い

図1.3の四輪車の場合、前進で車体の前部を右側に向けたければハンドルを右に回せばよく、後退で車体の後部を右に向けたいときもハンドルを右に回します。これは、当然のことです。バスやトラックなどの大きい車体の場合に前輪や後輪が複数の車軸となっていても、それぞれの場所にある車軸群が一体となって前車軸、後車軸として機能しますから、全体から見れば四輪車と同じ動き方をします。

　一方、図1.4のけん引車の場合は六輪車の構造です。けん引車の場合も一か所の車軸が複数あっても、それぞれの場所にある車軸群が一体となって前車軸、後車軸として機能しますから、全体から見れば六輪車の構造に違いはありません。

　次頁の図1.5の上2つの絵のようにけん引車で前進する場合、ハンドルを右へ切るとトラクタが右に向き、トラクタの後輪も右に向きます。このトラ

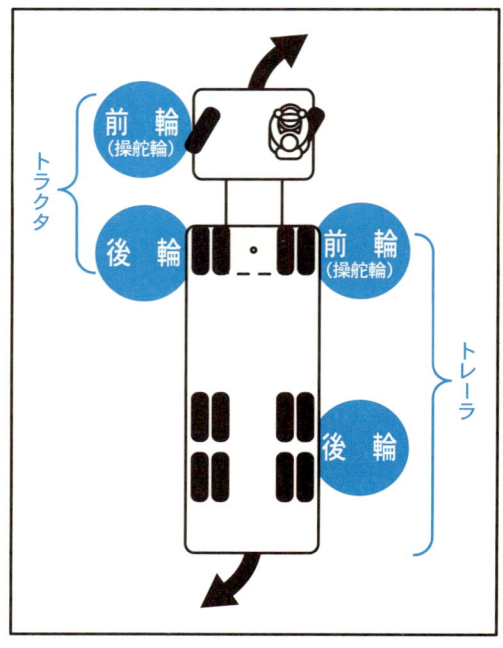

図1.3　四輪車の動き　　　　　図1.4　けん引車の動き

クタの後輪がトレーラの向きを変える操舵輪になります。ここが重要な点です。

　つまり、ハンドルはトラクタの後輪の向きを変えるためのものであり、向きの変わった後輪がトレーラの操舵輪となり、車体の主体をなしているトレーラの向きが変わります。ともかく前進で車体の前部を右に向けたければ、ハンドルを右に回せばよいことは四輪車と同じです。

　次に後退で車体の後部を右に向けたいとき、図1.5の下2つの絵のように四輪車と同様に右にハンドルを回して後退してみましょう。すると、トラクタだけで見れば四輪車と同様にトラクタの後部は右に向き、トラクタ全体は左に向き、トラクタの後輪（トレーラの操舵輪）も左に向くこととなります。つまり、トレーラから見れば四輪車で左にハンドルを回したのと同じことになり、車体の後部は左に向いてしまいます。

　これからわかるようにけん引車の後退で車体の後部を右に向けたいときは図1.6のように、ハンドルを左に回します。しかし、このまま後退を続ければトラクタとトレーラはどんどん折れていき、折れ曲がりすぎて収拾がつかなくなりますので、トラクタとトレーラが適当な角度に固定されるよう

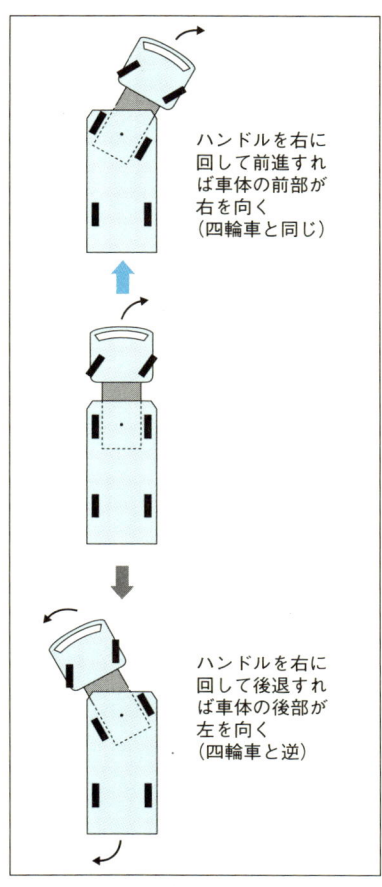

図1.5　けん引車の動き
　　　（ハンドルを回したとき）

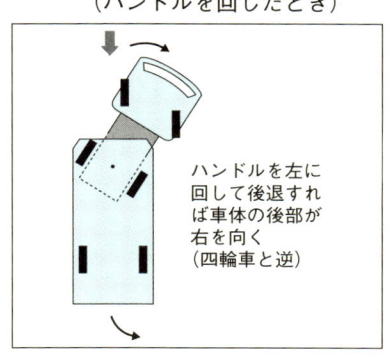

図1.6　けん引車の動き
　　　（ハンドルを逆に切る）

に、言い換えるとトレーラの操舵輪であるトラクタの後輪が適当な曲がり角度に固定されるように、今度はハンドルを右に回してトラクタの向きを調節していきます。このあたりのことは直線後退、後退車線変更、後退方向変換の解説部分で詳しく述べます。

3　短いトレーラは難しい（長いトレーラと短いトレーラの挙動の差）

　大型車ことにトレーラはトレーラの後輪の位置を主体に考えて走行しなければなりません。前進の場合の内輪差は普通車でも注意を要しますが、大型車では内輪差が大きく、さらに、けん引車では小回りをきかせるためにトラクタとトレーラの間で折れ曲がるため一層の注意が必要です。とくに長いトレーラは注意が必要です。したがって、前進の場合には短いトレーラのほうが運転しやすいでしょう。

　しかし、後退の場合は状況が異なります。トラクタとトレーラが一直線になっていない状態で後退を続ければトラクタとトレーラはどんどん折れていき、折れ曲がりすぎて収拾がつかなくなります。トラクタとトレーラがどんなに一直線になっているように見えても必ずどちらかにほんの少し曲がっていますし、ハンドルをまっすぐに固定しても各部分の機械的な遊びや路面の状況によりどんどん折れ曲がっていきます。このため、トラクタとトレーラが一直線も含めた適当な角度になるように、言い換えるとトレーラの操舵輪であるトラクタの後輪が適当な角度になるように、常にハンドルで調節します。この調整がトレーラの難しいところです。

　長いトレーラと短いトレーラではこの挙動に差があり、長いトレーラはこの後退のときの挙動が穏やかですが、短いトレーラはちょっとした操作の失敗でもトラクタとトレーラの角度は大きく変化し、折れ曲がりすぎたり、伸びすぎたりして収拾がつかなくなります。長いトレーラは前進のときの難しさはあるものの、けん引車の難所の後退のときの難しさが少ないので全体と

しては長いトレーラのほうが運転がしやすいと言えます。

運送会社のターミナルなどで大きく長いトレーラを後退させて楽々と車両の入れ替えをしている人でも、試験場の小さく短いトレーラでは満足に後退方向変換(へんかん)ができないことがあるのはこのためです。これは、後で述べる模型で確認(かくにん)するとよく理解できます。

4 トレーラ特有の3つの現象（ジャックナイフ現象他）

大型トレーラを運転するには、とくに次頁の図 1.7 のようなトレーラ特有の3つの現象に注意が必要です。

大型トレーラは、構造的にこれらの現象による事故を起こすことがあります。しかも、一旦事故になると大きな事故となりますので、スピードを出しすぎない、急ブレーキをかけない、急ハンドルを切らないだけでなく、空車のときに必要以上に強いブレーキをかけない、ハンドルを切りすぎないなど、運転には十分な注意が必要です。

トレーラに起こる3つの現象

（発生の多い順）

■トレーラスイング（トレーラロック）現象

トレーラが外側に大きく振られる（スイングする）現象で、トレーラ側が先にタイヤロックしたときに起こるものです。3つの現象の中でもっとも多く発生します。

処置　ブレーキを解除

予防法　道路の状況にあったブレーキをかけ、空車の場合に必要以上に強いブレーキをかけない。

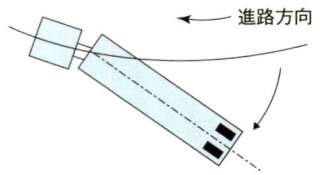

　　　　　　　　　　　　　■はロックする車輪の位置

■ジャックナイフ（トラクタリアロック）現象

トレーラがトラクタを突いて、トラクタが急激に内側に入り込む現象で、トラクタの後輪がロックしたときに起こるものです。

処置　ブレーキを解除し、ハンドルを切りすぎないようにして姿勢を回復。

予防法　スピードを出しすぎない。カーブでの急制動を避ける。排気ブレーキを使用しているときは、その制動分を差し引いてブレーキをかける。ハンドルを切りすぎない。

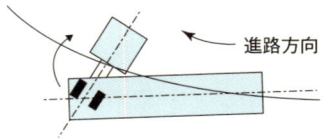

■プラウアウト（トラクタフロントロック）現象

トラクタとトレーラが一直線になって、カーブをはずれて接線方向に飛び出す現象で、トラクタの前輪がロックしたときに起こるものです。この発生はきわめてまれです。

処置　ブレーキを解除し、ハンドル操作で修正。

予防法　スピードを出しすぎない。急制動を避けること。

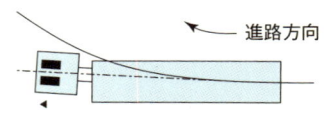

図1.7　トレーラに起こる3つの現象　企業開発センター『大型トレーラの事故防止マニュアル』より

第2章
けん引免許の試験

I　けん引免許受験ガイド

1　けん引免許を取得する方法

　けん引第一種の運転免許を取得するには、技能試験免除の公認自動車学校を卒業して警察の運転免許試験場の技能試験を免除してもらう方法と、適当な非公認の教習所などで練習して警察の運転免許試験場で技能試験（一発試験）を受ける方法があります。

　けん引第二種の運転免許を取得するには、今のところ、運転免許試験場での技能試験（一発試験）しか方法がないようです。

2　受験資格のある人

　けん引第一種免許は、現に大型・中型・普通・大型特殊のいずれかの免許を受けている人に受験資格があります。けん引第二種免許の場合は、これらの免許を受けていた期間（停止されていた期間を除く）が通算3年（政令で定めるものは2年）以上必要で、さらに、けん引第1種免許又は他の第二種免許を受けていることが必要です。

　なお、心身に障害がある人や免許取り消しとなった人などは受験できない場合がありますので、各都道府県の運転免許試験場での確認が必要です。

3　受験申請に必要なもの

けん引の免許申請には次のものが必要です。

①運転免許証

　けん引免許の受験者はすでに大型・中型・普通・大型特殊のいずれかの免許を受けているのでその資格確認のために運転免許証が必要です。

②運転免許申請書

　各都道府県の運転免許試験場にあります。この申請書に必要事項を記入して窓口に提出します。申請書は自分で手書きで書いて提出することもできますが、運転免許試験場近くの代書屋で書いてもらう（タイプしてもらう）こともできます。

③申請用写真

　申請前6か月以内に撮影したもの1枚。縦3.0センチメートル×横2.4センチメートル、無帽、正面、上三分身（胸から上が撮影されたもの）、無背景の写真が必要です。

④手数料等

　手数料等には、試験手数料、試験車使用料、交付手数料があります。いずれも、各都道府県の収入証紙（収入印紙ではありません）を申請書に貼り付けて納付します。収入証紙は運転免許試験場の窓口で購入できます。なお、手数料等は変更になる場合がありますので、事前に運転免許試験場に確認してください。

4　運転免許試験はこう行われる

　試験場に直接行って技能試験を受けますが、受験申請書を提出すると、まず適性検査が行われ、それに合格したあと、技能試験が行われます。

　けん引免許を受ける人は、現に大型・中型・普通・大型特殊のいずれかの免許を受けていますので、けん引第一種を受験する場合には、学科試験は免除されますが、けん引第二種を受験する場合には、すでに他の第二種免許を持っていない場合、学科試験が行われます。

　学科試験は『交通の方法に関する教則』の中から出題されますが、第二種の学科試験では、とくに『旅客自動車の運転者の心得（＊）』についてよく勉強しておくことが必要です。『旅客自動車の運転者の心得』は「旅客自動

車運送事業等運輸規則」などの内容からできており、旅客自動車を運転する場合に必要となる運転者の遵守事項などを定めています。
(＊)：『大型第二種免許－合格の基本と秘訣』(企業開発センター交通問題研究室刊)を参照。

①適性検査
ⅰ) 視力

けん引は第一種、第二種とも両眼で0.8以上、かつ片眼でそれぞれ0.5以上で合格です。この基準は、大型免許、中型免許、すべての第二種免許と同じ最も厳しい基準です。なお、基準の視力に達しないときは、メガネやコンタクトレンズを使用できます。現在受けている免許に、眼鏡使用の条件がついているときは、その条件に適合したメガネまたはコンタクトレンズを使用していない場合は、技能試験を受験できません。

ⅱ) 色彩識別能力

赤色、青色、黄色の識別ができる人、つまり信号機の色が見分けられれば合格です。

ⅲ) 深視力

三桿法の奥行知覚検査器という検査器により遠近感を調べます。大型免許、中型免許、すべての第二種免許の試験で行われるものと同じ試験で、2本の棒の中間を他の1本の棒が前後に移動し、3本の棒が横に一直線になったときに合図する検査です。2.5メートルの距離で3回行い、その平均誤差が2センチメートル以下ならば合格です。少し慣れが必要ですので、1回目はそのまま通過させ、2回目から一直線になったときに合図するとよいでしょう。

ⅳ) 聴力

10メートル離れたところで、90ホンの警音器の音が聞こえる人が合格となりますが、実際には、試験官との会話や、試験官の説明を聞き分

図 2.1　奥行知覚検査器

けているかどうかを試験していくというかたちが多くとられています。

　このため、自分の名前が呼ばれたらすぐに返事をする、質問されたらはっきり答える、というように心がけ、試験中は試験官の話すことに絶えず注意をして、聞いているようにしなければなりません。なお、聴力の多少弱い人は、補聴器を使用することができます。

ⅴ) 運動能力

　自動車を運転するうえで、支障を及ぼすような身体であるかどうかを検査するもので、たとえ身体に障害があっても、障害に応じた補助手段により、運転に支障を及ぼすおそれがないと認められれば、合格となります。

②技能試験

　けん引第一種、第二種免許の技能試験は、次頁の図 2.2 のような約 1,200 メートルのコースにより、次の課題について場内試験が行われます。第一種免許、第二種免許とも試験コースも試験車両も同じです。

ⅰ) 幹線道路および周回道路の走行

　発進、停止、指示速度での走行、一時停止、障害物設定場所の通過

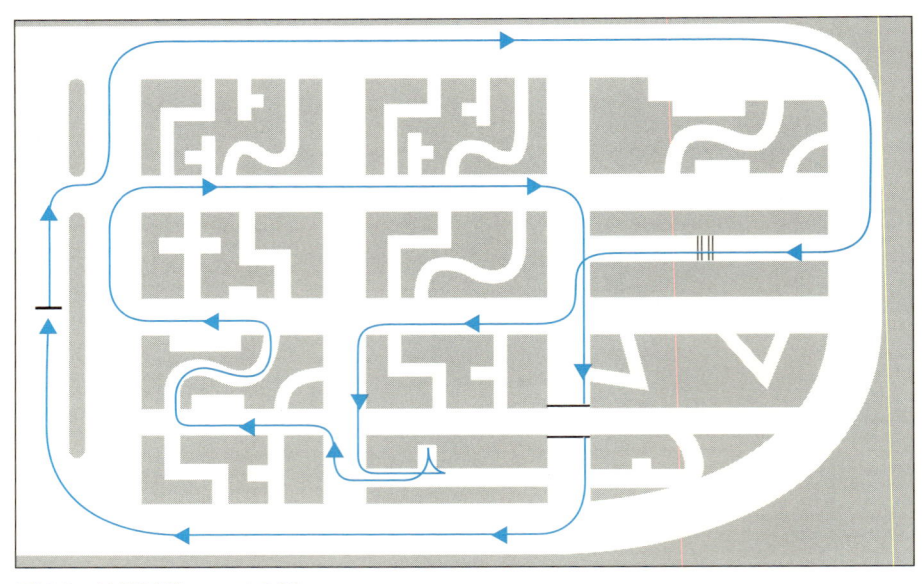

図2.2 技能試験コースの例

　ⅱ）交差点の走行

　　右折、左折、信号通過
　ⅲ）横断歩道および踏切の通過
　ⅳ）方向変換

　　一時停止および発進を含む。
　ⅴ）S字（曲線）コースの通過
　　坂道発進、クランクコース、縦列駐車の課題はありません。大型第二種免許等で実施される鋭角コースの課題もありません。

　技能試験の採点は、試験車両に試験官が同乗し、乗車するときから降車するまでの間のすべてについて行われ、減点方式で、試験開始前に受験者に与えられた100点が技能試験の終了時に第一種免許の場合は70点以上、第二種免許の場合は80点以上であれば合格です。

　なお、第4章のⅡ（101頁）に減点一覧を参考のために掲載しています。

ただし、減点数は変更になることがありますので注意してください。

　技能試験には、けん引されるための構造と装置のあるトレーラをけん引した車両が使用されています。これは一般に道路を走っている大型トレーラよりも、トレーラ部分が短い構造のものです。

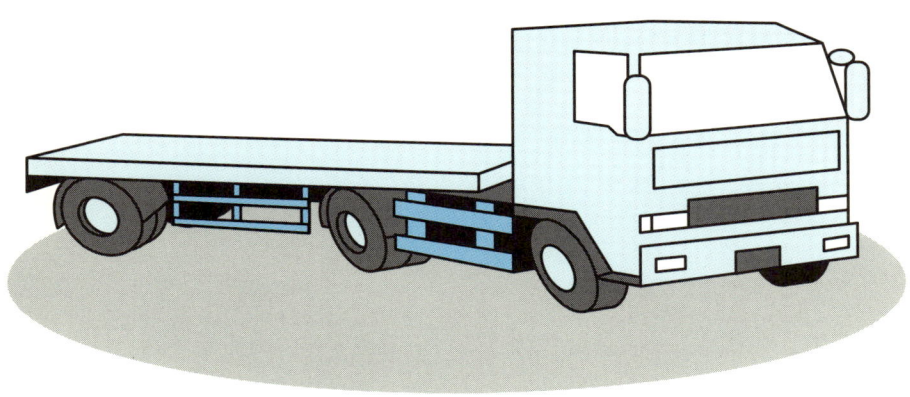

図 2.3　試験車両の例

5　第一種免許と第二種免許の試験の違い

　けん引免許の試験は第一種免許も第二種免許も試験コース、試験車両とも同じです。ただし、他の車種の免許と同様に、第一種免許は 70 点以上で合格、第二種免許は 80 点以上で合格であるため、10 点の差しかないと思われがちですが、減点で言えば 30 点と 20 点であり、1.5 倍も違います。

　また、第二種免許の試験は、安全で快適な旅客輸送に必要な資格があるかどうかが試され、安全運転や安全確認の習慣が身についていることが第一種免許の場合よりも強く求められます。そのため、第一種免許では減点しないような場合でも、第二種免許ではどんどん減点されます。このため、第一種免許と第二種免許の合格レベルや合格率は 70 点と 80 点という数値の差だけでは表せない大きな差があります。

Ⅱ けん引免許の技能試験と運転練習

1　卒業させる試験と落とすための試験の違い

　けん引の運転免許を取得するには技能試験免除の公認自動車学校を卒業して警察の運転免許試験場の技能試験を免除してもらう方法と、適当な非公認の教習所などで練習して警察の運転免許試験場で技能試験（一発試験）を受ける方法があります。いずれの方法でも実力をつけなければ合格できないことに変わりはありません。

　ただし、自動車学校では慣れたコースで慣れた車両を使って試験が行われますので、比較的気持ちは楽に保つことができます。一方、運転免許試験場では、慣れないコースで慣れない車両を使って、しかも、隣に試験官を乗せて試験が行われます。ですから、十分に実力をつけてコースにも車両にも、もちろん運転技術、安全確認のやり方などに自信をつけて受験しないと失敗してしまいます。よく、落とすための試験と言われるゆえんであり、それぞれの試験の位置付けというか、受験者から見た難しさが異なります。

　しかし、試験官の方は皆さんにぜひ免許を取ってほしい、決められた手順と安全確認さえ確実にすればよいのに、うまい運転は求めていないのにどうして合格しないのだろう、と考えていると思います。しかし、必要となる最低限の要素や、やってはいけないことが道交法を読んでも、試験場の小冊子や掲示を読んでも、なかなかわかりにくいものです。本書ではそういった細かいところまでわかる、いわゆるノウハウを受験者の立場でまとめています。

2　実力をつけるには（方向変換からではなく、直線後退から）

　もちろん、公認の自動車学校はきちんとした資格を持った指導員が教えて

くれますので、実力はつきます。ただし、先にも述べたように慣れたコースで慣れた車両を使っていますので、卒業検定のコースだけをうまく走れればよいことにもなります。

したがって、技能試験にない直線後退はこれらの自動車学校では1時間もやらないようです。そして、すぐにけん引の最大の課題と言われている後退方向変換（へんかん）の練習に入ってしまいます。ところが、非公認（ひこうにん）の教習所では免許試験場（めんきょ）での技能試験合格を目指していますので、直線後退から始まり、後退車線変更（へんこう）（後退幅寄せ（はば））をじっくりと5～6時間以上練習した後で初めて、後退方向変換（へんかん）に入るステップを踏みます。

これにより、けん引車の最大の特徴である、後退は普通の車両と逆にハンドルを回す、なぜならば「トラクタの後輪が車体の主体を構成しているトレーラの操舵輪（そうだりん）である」ということを体で覚えます。

そして、この直線後退や後退車線変更（へんこう）（後退幅（はば）寄せ）は、方向変換（へんかん）などで失敗したときの切返しのときに非常に役立ちます。さらによいことに、失敗しても取り返せると思う心の余裕が最初の失敗も減らすことになります。こうして、違う車両、違うコースでも大丈夫なような十分な実力がついていきます。

3　練習してもダメかもしれないと疑わない（途中の山の乗り越えが必要）

初めのうちはうまく進んできた練習もそのうち山を迎えていくら練習しても上手にならずいやになることもあると思います。しかし、ここで諦（あきら）めてしまってはせっかくの今までの努力が無駄になってしまいます。

こういったときは少し気分を変えて、少し間をあけたり、他の人の運転を見て参考にしたりして、自分の運転を見つめ直して、直すべきところを発見して、この山を乗り越えるしかありません。大事なのは、練習してもダメかもしれないと自分を疑わないことです。

車の運転は所詮は通常の人間が運転しやすいように作ったものを普通に安全運転できればよく、それを試験で見てもらえばよいだけと考えてみてください。練習が順調に進んでいるうちはできるだけ間をあけずに練習しましょう。あまり間をあけるとそれまでに体が覚えたことを忘れやすくなります。練習を1週間もあけるのはあけ過ぎと考えてください。

4　模型を作り机上で試す

　大型バスや大型トラックがどんなに大きくても、一般の四輪車と同じ動き方をするのに対して、けん引車は六輪車の構造になっています。このため、とくに後退が難しいのですが、一番理解を助けるのは、図2.4のような模型です。ぜひ作って、動かしてみることをおすすめします。

　なお、トレーラのホイールベースを大小2種類作ると、短いトレーラの後退の難しさがよくわかるでしょう。

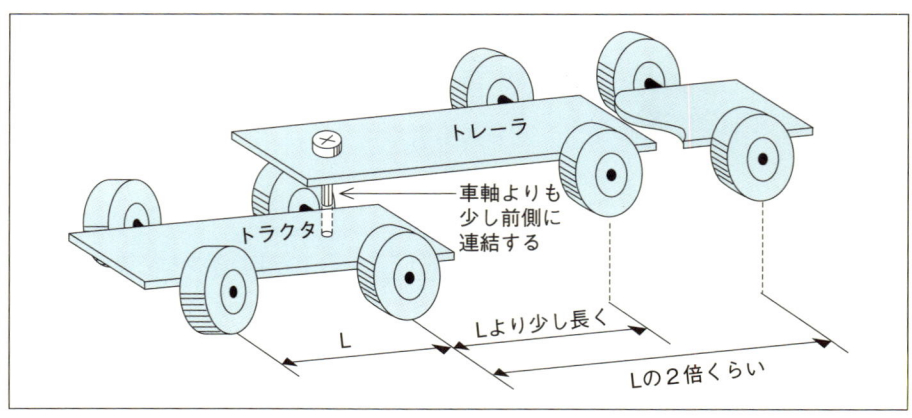

図2.4　けん引車の模型

第3章
けん引免許
技能試験マニュアル

I　試験場・技能試験での全般的な注意

　ここでは試験場での一般的な注意や技能試験のときの見逃しやすいポイント、後で述べる個々の課題に共通な注意点について述べます。

1　試験で満点を取る必要はない（減点されても完走を目指す）

　技能試験は100点満点で減点していき、第一種免許で70点、第二種免許で80点で合格です。100点は必要ありませんし、なかなか取れるものでもありません。ですから、途中に失敗があって減点されても、決してあきらめないで、最後まで完走することに全力を尽くすことが大事です。

2　服装（運転に適した服装）

　よい印象を持ってもらおうとネクタイをしめて、着慣れない服を着て受験する人もいますが、無理をする必要はありません。さっぱりとした清潔な服装で受験すれば十分です。もちろん、和服・下駄・サンダル・ハイヒールなどの運転に適さない服装や履物では受験できません。

3　試験官の指示・注意をよく聞き、はっきりしゃべる（試験の第一歩）

　受験前には試験官の指示や注意がありますので、聞きもらさないようによく聞きます。また、試験官に受験番号・氏名・生年月日を告げることになっていますが、このときははっきりと大きな声でしゃべります。この受け答えが聴力の試験になっています。

4　安全運転第一（絶対に事故を起こさないという心構え）

　試験ではミラー類、目視による安全確認をしっかりとしないといけません

し、安全確認をしっかりやっているところを見てもらわないと合格できません。乗車、発進、進路変更、交差点通過、右左折、踏切通過、後退のときの確実な安全確認が求められます。

　第二種免許の場合には、さらに乗っている人がいることを念頭においたスムーズな運転が求められます。

　一般道路では、歩行者や自転車も多く通行していますので、大きな動作のゆったりした安全確認では速い交通の流れの中ではかえって危険な場合がありますので、一般道路では安全確認も素早く小さい動作で効率よく行わなければならない場合も多いでしょう。しかし、試験場では少し大げさな動作で安全確認するほうがよいでしょう。

5　型の意味（合理的なやり方）

　技能試験の個々の課題で詳しく説明するそれぞれの課題のこなし方では細かな注意が必要です。これらの細かな注意については、どうしてそんなやり方が必要なのだろうかと思われるのではないでしょうか。たとえば、ハンドルの回し方について、「ハンドルなんてともかく持って回せばよいのだろう」と言う人も結構います。

　しかし、ハンドルの持ち方、回し方も踊りや空手の型と一緒です。安全確認の方法もそうです。型はそれぞれに合理的な意味があって決まってきたものです。

　踊りや空手で一歩前に足を出すとしても、ただ普段歩くように足を出すのでは駄目で、そこには型（合理的なやり方）があります。確かにすでに時代遅れになっていたり、実戦では使えない場合もあるとは思います。しかし、まずは、基本となる型ができないと始まりません。ハンドルの持ち方や回し方、安全確認の方法もこれと同じことです。とくに第二種免許では大事なことです。

6 徐行場所の厳守（確実な安全確認が必要。必要なら停止する）

　徐行の標識があるところ、交差点の右左折、道路の曲がり角付近、上り坂の頂上付近、勾配の急な下り坂、見通しの悪い交差点、優先道路に出るところなど危険な場所は確実に徐行し、確実に安全確認をする必要があります。場合によっては一時停止します。

　徐行の速度は時速10キロメートル以下であり、ギアは3速（乗用車の2速に相当）のアイドリング状態で走行します。

7 横断歩道は左右を確認（交差点以外の横断歩道にとくに注意）

　交差点にある横断歩道を横切るときは交差点の左右の安全確認をしますので、同時に横断歩道に人がいないことの確認をやりやすいのですが、ともすると運転操作に気を取られていると、図3.1のような交差点ではないところ

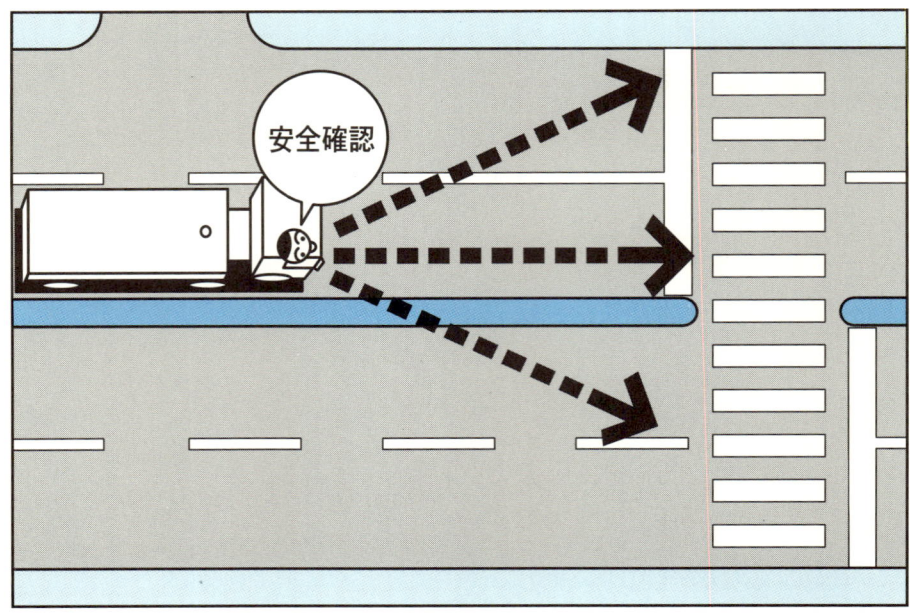

図3.1　横断歩道上と横断歩道のたもとの確認

の横断歩道を横切るときに横断歩道上の横断者と横断歩道のたもとのこれから横断しようとしている人がいないかの確認を怠りがちになります。

　もちろん、試験場に一般の歩行者はいないのですが、たまに試験官が歩いていることがあります。誰もいなくても首を振っての十分な安全確認が求められます。

8　停止線は線幅１本あけて停止（停止線オーバーに注意）

　停止線の手前で停止しないと試験中止ですが、用心しすぎて停止線から２メートル以上も手前で停止すると５点減点となります。停止線とそこから２メートル手前の間で停止する必要があります。

　安全確認のためにはできるだけ停止線に近いほうがよいのですが、あまりに停止線ぎりぎりでは余裕がないので目安として停止線の幅分だけあけて止めます。けん引車を始めとするトラックやバスなどの大型車には運転席の直前を映すミラーがありますのでこれで距離を確認します。

9　止まったら、まずサイドブレーキ（安全確保と余裕ある安全確認）

　信号や交差点の一時停止で止まる場合以外で停止するとき、たとえば踏切の一時停止、方向変換の途中の一時停止や切返しでは停止するたびにサイドブレーキをかけます。もちろん、フットブレーキは踏んだままです。これは、安全確保のために、車両を確実に停止させておくためと、余裕を持って安全確認するためです。

　踏切では線路部分が高くなっている場合が多く、後退させないようにするためにも必要です。方向変換などで一時停止した後の後退では後退前の十分な安全確認が必要です。このように止まったらまずサイドブレーキの習慣をつけておけば試験終了時に停止するときも迷わず、まず、サイドブレーキをかけるようになります。

試験では停止時は常時ブレーキを踏んでいないといけませんが、一般道路では後続車が自分の後ろで停止した後は、追突による危険も減りますから、サイドブレーキをかけた後、ギアをニュートラルにしてクラッチから足を離して、足を休ませてもよいでしょう。

　なお、試験場ではブレーキを分けて踏むポンピングブレーキが推奨されていますが、余裕のないときには試験場でもポンピングブレーキの必要はありません。

　余裕のないときというのは少しだけ加速した後、すぐにブレーキを踏むときや急ブレーキをかける必要があるときです。しかし、何よりもまず、急ブレーキをかけなければならないような状況に自分を置かないように予測を働かせて運転することが大事です。

10　走行時にはサイドブレーキをきちんと戻す（車両による差に注意）

　サイドブレーキをかけた後、安全確認や次の操作などに気を取られてサイドブレーキを完全に戻さずに発進してしまう場合があります。また、車両によっては十分に戻さないとサイドブレーキの警告灯が消灯しないものもあります。

　いずれにしても、実際にブレーキがかかっていなくても、サイドブレーキの警告灯が点灯したまま走れば、サイドブレーキの戻し忘れと判定されて5点減点されます。

11　短区間でもメリハリ加速が必要（運転の慣れを加速で見る）

　試験場では限られた距離、時間の中で車両の運転に慣れていることや安全確認の習慣を見ますが、このうちの車両の運転に慣れていることは、加速できる直線路ではできるだけ加速をしているかでも見られます。発進の場合には0.4Gを超える加速度（＊）の発進は特別減点項目（1回のミスでは減点

しないが、2回目から1回目にさかのぼって減点）として、5点ずつ減点されますが、けん引車などの大型車ではアクセルを床いっぱいに踏んでも減点されるような加速はできません。ですから、安心して思い切りアクセルを踏んでだいじょうぶです。

ただし、運転に慣れていないと、慣れないコースでは怖くてアクセルをいっぱい踏むことはできません。だからこそ、試験官はそこを見るのです。加速できるところは加速し、抑えるところは抑えて走るということです。おっかなびっくりトコトコと走っているだけでは合格しません。

（＊）：頭が前後に振られるような急な加速や減速。
　　　　発進の場合、2.8秒で時速40キロメートル以上に達する急な発進。

12　優先道路では先に行く（自分が優先なのか、否かを明確にして走行）

自分が優先道路を直進する場合には、横から飛び出して来る車両と事故を起こしてしまってはいけませんが、自分に優先権があることを意識した運転をします。もちろん安全第一ですが、必要もないのに自分が停止したりしては法規の知識を疑われることにもなりかねません。

常に自分が走行している道路が優先道路なのか、否かを明確にして走行することが大事です。

13　車体が斜めになって停止するようなときは右折・左折を開始しない

交差点の先が他の車両で詰まっていて、自分の車両が斜めになって停止せざるをえないときは交差点の直前で停止して待ちます。

通過できないのに交差点に進入すると他の交通の障害になるためですが、自分が次に走行し始めるときにハンドルを回した状態なので失敗しやすくもなります（次頁図 3.2 参照）。

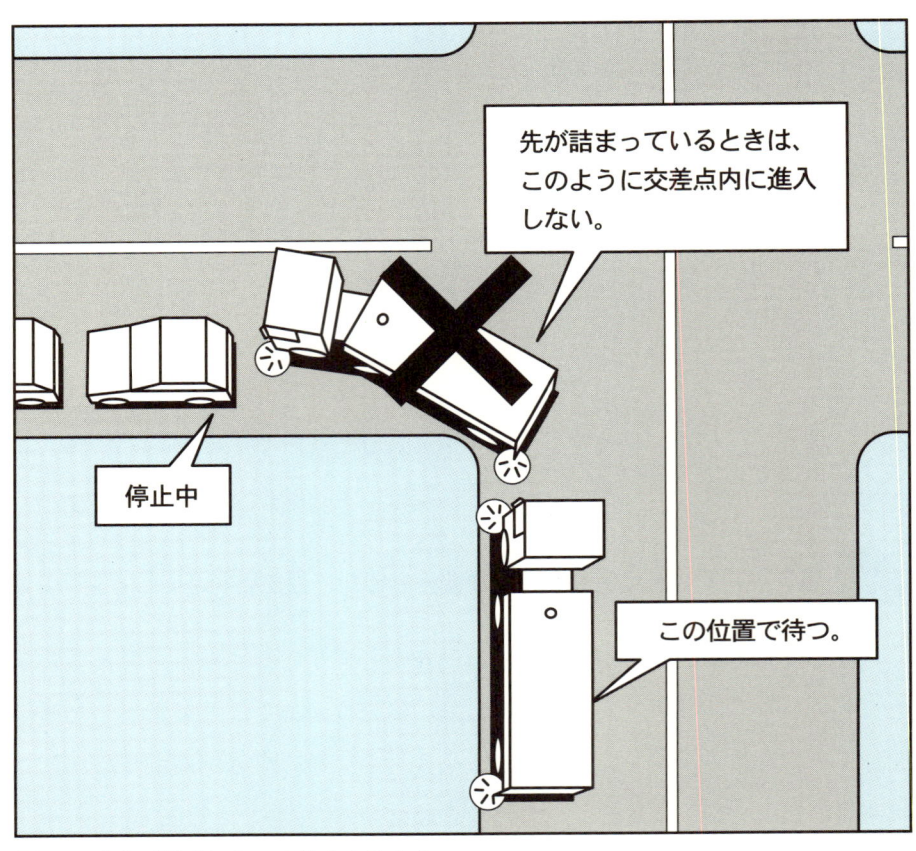

図 3.2　車体が斜めになって停止するとき

14　脱輪・接輪しそうになったら停止し、切り返す（脱輪・接輪の前兆）

　脱輪は 1.5 メートル未満走行で 20 点減点となります。1.5 メートル以上走行で試験中止となってしまいます。縁石に車輪が接触する接輪でも 5 点減点となりますので、脱輪・接輪には十分に注意しなければなりません。
　試験官が身を乗り出したり、サイドミラーを覗き込んでいるときは脱輪・接輪しやすい場所か、これらの前兆と考えて一層注意します。

15　後退に注意（安全確認の見せ所）

　後退は十分に後方の安全を確認して行います。踏切と同様に窓を開けて周囲の音を聞いたり、窓から顔を出して後方を確認します。もちろん、ミラーを使用しての後方の安全確認や、真後ろを振り向いて直視する安全確認もします。

　そして、できるだけゆっくりと後退します。3点式シートベルトのときは、シートベルトをはずして腰から回して振り向くようにして十分に後方の安全確認をします。また、後退時の十分な安全確認をするために、停止したらまずサイドブレーキをかけ、確実に安全確認をしましょう。このサイドブレーキは坂道発進の要領で使用することで、予期しない逆行（前進）を防ぐのにも役立ちます。後退は安全確認の見せ所です。

16　ラインを踏まない（免許が欲しかったらラインを踏まない）

　道路の中央のセンターラインは踏んだだけで右側通行となり、試験中止となります。また、路側帯のラインを踏んだり、路側帯に入れば10点減点となります。とにかく、免許が欲しかったらラインは踏まないことです。

　けん引車でよく失敗するのが次頁図3.3のように、トレーラの幅がトラクタの幅より広いけん引車であることを忘れて、バスや普通のトラックのように右折時にトラクタをセンターラインにぎりぎりに寄せてしまい、トレーラがセンターラインを越えてしまうことと、右折後のトレーラ右側後輪によるセンターライン踏みです。

　また、左折後のトラクタ右前輪によるセンターライン踏みも多く見られます。さらに、周回道路の路側帯が中央にふくらんでいることがあり、左端ぎりぎりに走行していて、うっかりそのまま進行して路側帯を踏んでしまうこともあるので、ラインには十分な注意が必要です。このようにラインに注意

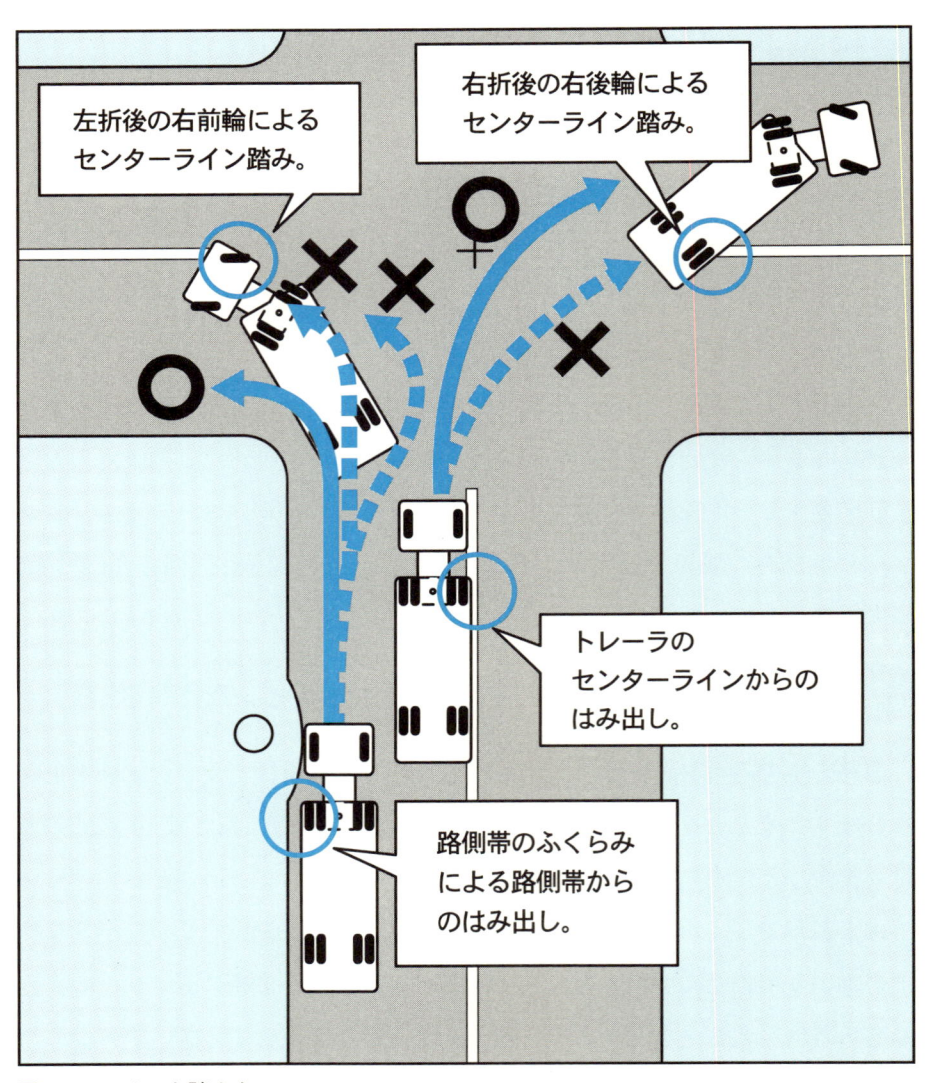

図 3.3　ラインを踏まない

して走行する練習は乗用車などで一般道路を走るときなどいつでもできます。

> **17**　コースを間違えない（余分な走行と無用な焦りをなくす）

　試験官は要所要所でコースを教えてくれますが、声が聞こえにくい試験官

もいますし、コースを間違えることによる無用な焦りを防ぎ、余裕を持って次の動作の準備をするためにはコースを完全に覚えておく必要があります。「次、左。」と言われても、次の次が左折なのか、直進なのか、右折なのかによって、左折した後の操作に違いが出てくるためです。次の次も左折でしかも距離が小さければ左折した後の加速は少なめにし、次の次が直進なら十分に加速し、次の次が右折で距離がおおむね50メートル以下ならば、左折した後、第二通行帯またはセンターライン寄りを走行します。なお、コースは間違えても、それだけでは減点されません。コースを間違えた場合は、前進で進める直近の周回コースを通って正しいコースに戻ることになりますが、この間のコースもすべて試験コースに含まれます。つまり、試験コースが増えることとなり、減点の機会も増えます。

　なお、試験コース図は試験場の売店などで販売していますが、このコース図だけでは不十分です。このコース図は試験場の中の何番の交差点を左折して、どこの踏切に入る、というようなことが記されていますが、その交差点の30メートル手前から左端に寄り、そのさらに3秒前から安全確認や左折の合図をするということはどこにも書いてありません。なぜならば、これらは道交法や道交法施行令（要約したものとして「交通の方法に関する教則」）に書かれており、それを実行できるかをみるのが技能試験だからです。

　こういった細部にわたる動作を自分なりに整理してコース図に書き加え、頭の中で反復してイメージトレーニングをすることが試験に合格するために大事なことです。このコース図の例を第4章の図4.2に示します。

18　法規通りの右折（対向車線の車両に遠慮せず右に寄る）

　右折ではセンターラインにぎりぎり寄って曲がります。一般道路で対向車線に駐停車している車両があって自分がセンターラインぎりぎりに寄ると、対向車線の交通が渋滞してしまうような場合には、通行区分帯をまたいで

まで左によける必要はありませんが、右側に少し余裕を持たせるといった配慮が必要となります。

　しかし、試験場では通常、駐停車車両はありませんし、なんらかの事情で対向車線に駐停車している車両があっても、これらは無視して右折ではセンターラインにぎりぎり寄って曲がります。

19　法規通りの左折（他車に遠慮せず十分手前から合図する）

　左折は曲がる30メートル手前から左に寄り、その3秒前から合図を出すことになっています。したがって、時速40キロメートルで走行している場合、60メートル以上手前から合図を出すことになります。

　繁華街などでは60メートルもあれば曲がる交差点までの間に何本かの横道があります。この横道から出ようとしている相手は左折の合図を出しているあなたの車両が来れば、「きっと自分のいるほうへ曲がってくるのだろう。だから自分は飛び出しても大丈夫だろう」と都合のよいように考えがちになります。そして接触事故が起きたりします。

　このようなときは、あまり前から合図を出さずに速度を抑えぎみにして、短めの合図でも支障のないようにして曲がるほうがよいと考えられます。

　しかし、試験場では相手もこちらが確実に曲がり始めて、安全が確認できるまでは飛び出してこないという安全運転をしますので、途中に横道があっても、法規に定められている通りに合図を出します。

Ⅱ 技能試験の個々の課題

1 乗車（乗車のしかた）

　図 3.4 のように車の周囲の安全を確認し、乗降用の扉に向かい、左右を確認し、扉を開けます。乗車したら扉を閉めますが、扉を確実に閉めないと 5 点減点となります。

①車の周囲の安全を確認する

車のまわりや車の下をのぞいて近くに人がいないか、障害物がないかなどについて確認する。

②ドアを開ける

ドアを開けるときは、まわりの交通、とくに車の後ろの交通の安全を確認してからドアを運転者が入れる程度静かに開ける。

③車に乗り込む

ドアが突然大きく開かないように片手でドアをおさえながら素早く車に乗り込むようにする。

④ドアを閉める

運転席に座ったら静かにドアを引く。この時ドアは一気に閉めず、完全に閉まる20センチ程度手前でいったん止め、力を入れて確実に閉める。

図 3.4　乗車

2 降車（シート下げからドア閉めまで）

　試験終了時には停止位置に停止します。シートベルトをはずし、自分が降りやすいよう、また、次に乗車する人が乗りやすいようにシートをいっぱいに下げて降車します。ただし、シートは下げなくても減点にはなりません。

　降りるときは前方と、とくに後方に十分注意して扉を開けて降ります。扉を閉めるときは、乗車時と同様に確実に閉めます。

①安全を確認する

サイドミラーで右側や右後方からの交通を確認し次に窓から顔を出して自分の目で直接安全を確認する。

②ドアを開ける

ドアはいっぱいに開けないで少し開けた位置で止め、もう一度安全を確認してから必要な分だけ静かに開ける。

③車から降りる

ドアが突然広く開かないようにドアを押さえながら周囲の交通、とくに後方の交通に注意しながら降りる。

④ドアを閉める

車から降りたらドアが完全に閉まる20センチ程度手前で一度止め、そこから力を入れて閉めるようにする。

図3.5　降車

3 窓閉め、シート・ミラーの調整、シートベルト・ワイパーの使用など

乗車して窓が開いていたら、まず窓を閉めます。閉めないと窓を閉めるように試験官から指示されますが、これは踏切通過や切返し・方向変換の後退のときに自ら窓を開けて音の確認をしているか、後方の安全確認をしているかを試験官が確認するために必要な初期設定となります。窓が開いていたら、試験官に言われる前に窓を閉めるようにしましょう。次にドアをロックします。事故のときにはドアロックはしていないほうがよいとも言われていますが、試験場ではドアをロックしないと5点減点となります。

次は一番深く踏み込む必要のあるクラッチをいっぱいに踏んで次頁の図3.6のようにちょうどよい位置にシートの位置を調整します。このときにハンドルがきちんと回せるかも確認します。シートの位置が決まったら、シートベルトをします。シートベルトをしないと、5点減点となります。

次はルームミラーの位置を調整し、図3.6のように左右のサイドミラーで正しく後方が見えるかを確認します。通常、ルームミラーは他人とはちょうどよい位置が微妙に異なるため、調整の必要がありますが、左右のサイドミラーは大概は調整しなくても正しく後方が見えます。しかし、手を伸ばせば届く距離にあるルームミラーは、たとえ調整の必要がなくても軽く手を添えて調整する動作をしてミラーの調整をしたことを示す必要があります。ルームミラーを調整しないと、5点減点となります。

また、雨が降っていたら必ずワイパーを使用します。

4 速度計の目盛りの確認、フックの見え方の確認（指示速度走行、方向変換完了に必要）

以上のような準備をしている間に、速度計の目盛りを見ておき、指示速度の数値がどのへんにあたるのかを覚えておき、走行中に指示速度の確認がすぐにできるようにしておきます。

座席の調節、座り方

座席の調節

シートの前後の位置は座席下の調節レバーをはずして行う。

背もたれの調節は背もたれ横の調節レバーをはずして行う。

座り方

シートには腰を深くかける。

身体の中心線をハンドルとそろえる。

42

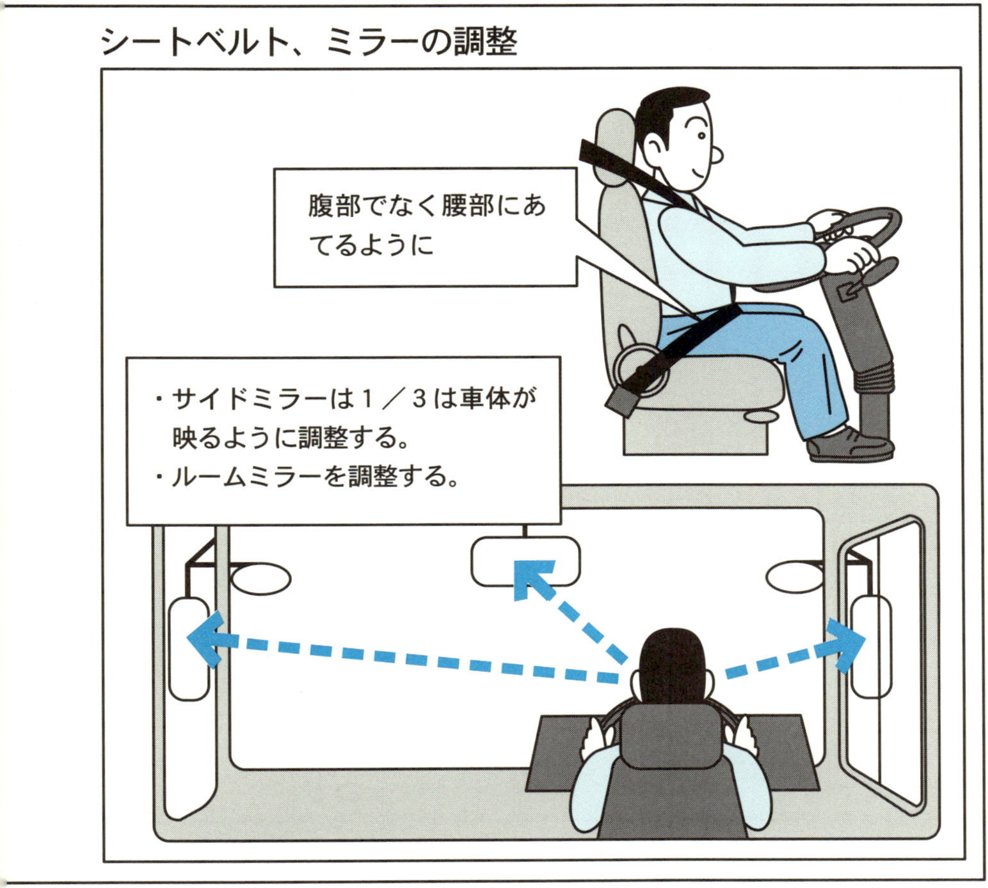

シートベルト、ミラーの調整

腹部でなく腰部にあてるように

・サイドミラーは１／３は車体が映るように調整する。
・ルームミラーを調整する。

図3.6　シート、シートベルト、ミラーの調整

　また、運転席の後方のガラスに顔を近づけて、トラクタとトレーラを連結しているフックの見え方を覚えておきます。フックはトレーラの陰になり一部しか見えませんが、出発前はトラクタとトレーラが一直線になっていて、フックが左右対称に見えるようになっているので、この状態を覚えておきます。後退方向変換完了のときに、トラクタとトレーラを一直線にしなければなりませんが、このときにフックの状態で一直線になったことを確認するのに役立ちます。

5　ハンドルの持ち方、回し方（回すときは両手で。送り・片手・内かけはダメ）

　ハンドル操作はハンドルに対して真正面に向かって行い、図3.7のように9時15分から10時10分の間を両手で持ちます。

　回すときは両手で引き手を上にして、手のひらで回すように、ハンドルの上のほうをゆったりと回すとリズムに乗って回せます。回した手が体（腹）につかえる前に反対の手で持ち替えます。ハンドルを回したそのままの状態で保持する場合でも、いつでも9時15分から10時10分の間を両手で保持するようにハンドルを持ち替えます。持ち替えは素早く片手ずつハンドルから手を離して行うのがよいでしょう。ズルズルとずらして持ち替えると、送りハンドルと誤解される可能性があります。

　9時15分から10時10分の間を両手で保持するのは、交通の状況に応じていつでも自在に切り増し、切り戻しができるようにするためであり、最も機敏に大きく回しやすいためです。ここで、ハンドルに対して真正面に向かっていなかったり、ハンドルの下側を持っていたりすると5点減点となります。

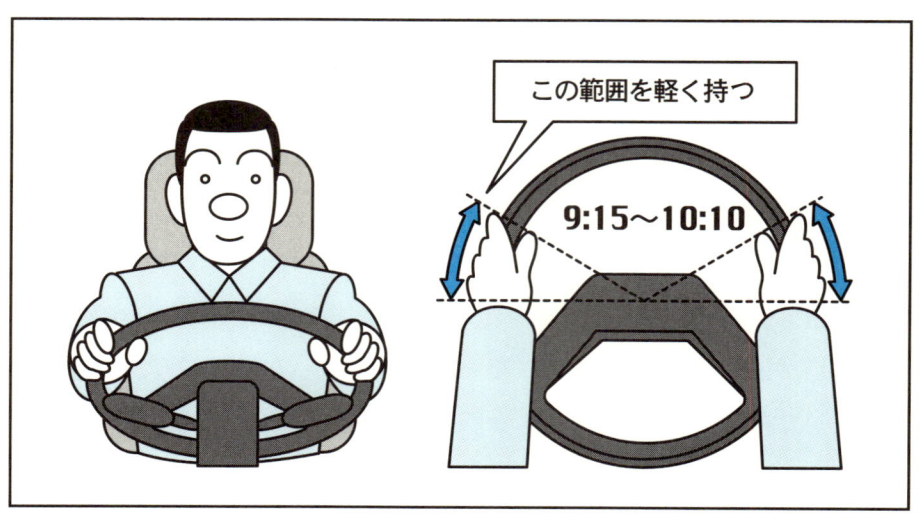

図3.7　ハンドルの持ち方

そして、9時15分から10時10分の間を両手で保持するようにハンドルを持ち替えないと5点減点となります。

　左右に回したハンドルを戻すとき、持つ手を緩めて自然にハンドルが戻るのに任せる人もいます。また、ハンドルを左に回すときはうまくいっても、反対に右に戻すときにぎこちなくなる人もいます。こういう場合はハンドルを戻すと考えるのではなく、戻す方向に回すと考えて確実に操作する必要があります。ハンドルをしっかりと操作するのは、急激なパンクや路面状態の影響で思いもかけない挙動になるのを防ぐためです。

　片手でしか回せないようなとき、たとえば、ギアチェンジしているとき、窓を操作しているときはハンドルは回せません。もちろんブレーキもだめです。片手でハンドルを回すと5点減点となります。

　片手ハンドルだけでなく、左右の手を持ち替えることなく少しずつハンドルを回す送りハンドル、手のひらを自分のほうに向けてハンドルを回す内かけハンドルも安全で確実なハンドル操作ではないのでやらないようにしましょう。

　また、ハンドルを回すたびに上体を傾けると5点減点されます。また、進路変更などの安全確認で斜め後ろを見るときや、後退で後方を確認するときにハンドルを振らないように注意する必要があります。ふらつきで10点減点されることもあります。

　なお、後退方向変換の場合などで後退する場合には、右手あるいは左手でハンドルの12時の位置を持ち、上体を左あるいは右に向けて後ろを見ます。

6　エンジン始動（サイドブレーキ確認からエンジン始動まで）

　エンジンを始動させる前には、エンジンが停止していることを確認します。そして、ブレーキを踏み、サイドブレーキがかけてあることを確認して、クラッチをいっぱいに踏み、ギアをニュートラルにします。次にクラッチを踏んだまま、ブレーキを踏んでいた足をアクセルに乗せ替えて、ギアがニュー

トラルであることをもう一度確認し、アクセルを少し踏んでキースイッチを回してエンジンをスタートさせます。ギアを入れたまま、クラッチを踏まずにエンジンをかけると5点減点となります。

そして、エンジンは空吹かしをしないようにアクセルの踏みすぎに注意します。おおむね毎分3,000回転を超える空吹かしを2回以上すると、特別減点項目として、1回目にさかのぼって5点ずつ減点となります。

次に、ギアを2速に入れて発進動作に移ります。なお、車種によっては、電気系統のメインスイッチをオンにしてからキースイッチを回してエンジンをかける場合があります。メインスイッチの位置がわからなくても減点にはなりません。わからなければ試験官に遠慮なく聞きましょう。

7 発進時の安全確認と発進（ルームミラー確認から発進まで）

ルームミラー、左右のサイドミラーで後方、左後方、右後方の安全を確認し、発進の合図を出し、目視で左横と左後方、右横と右後方の安全を確認して、サイドブレーキを解除して発進します。発進の合図をしないと5点減点。目視による安全確認をしないと10点減点となります。

目視による安全確認は目や首だけではなく、腰から回すようにしてやや長めに確実に安全確認をします。ときどき、ミラーや後方を指さしして安全確認している人もいますが、これは必要ありません。発進前ならば指さしもよいのですが、走行中の進路変更などのときに指さしして安全確認すると不必要な片手ハンドル運転となってしまいます。

また、発進時の安全確認は出発のときだけではなく、信号待ち後の発進、踏切の一旦停止後の発進、切返し、方向変換、坂道発進のときの再発進のときにも必要です。

信号待ちの発進でも道路の傾斜によっては後退してしまう場合があります。このような場合にはサイドブレーキを用いた坂道発進をするか、さっと半ク

ラッチにして後退しないようにして発進します。信号待ちしていて青信号になった場合で、自分が先頭ならば、通常の発進の安全確認の他に交差する道路の左右も安全確認して発進します。

8　２速で発進する（平地や空車では２速で発進）

大型車は２速（乗用車の１速に相当）で発進します。ここで注意するのはエンストです。サイドブレーキを戻しながら、アクセルを静かに踏み込みながら、クラッチペダルを徐々に上げていきます。車が動き始めたら、クラッチペダルをその位置で止め、アクセルペダルを踏み込みながら、クラッチペダルを上げます。エンストの原因は、アクセルペダルの踏み込みが足りなかったか、クラッチペダルを急に上げたためか、ギアの選択を間違えたかによります。

半クラッチは車のスムーズな発進に必要なものですが、半クラッチの位置は車によって違うのでギアを入れた状態でクラッチペダルをゆっくりと上げていき、そのときのエンジンの音、車体の揺れを体で覚えるようにします。

けん引の技能試験に坂道発進はありませんが、以下を参考までに覚えておいてください。坂道発進は一般に１速で発進しますが、これは定員いっぱいに乗車したバスや積載重量いっぱいに積載したトラックを想定しての操作です。試験場では空車状態で試験が行われますので、１速発進は不要です。２速で発進すればよく、このほうが余分なギア操作が省け、ギア操作の失敗の確率が減り、坂道で１速から２速にするときのシフトショックもありませんので、２速発進をお勧めします。ただし、試験場によっては坂道は１速で発進するように指示される場合もあるようですので、注意してください。

9　停車（停車したらまずサイドブレーキ）

ブレーキを踏んで車両を停止させたら、ブレーキは最後まで踏んだままに

しておきます。停止したら、まずサイドブレーキをかけます。このときにサイドブレーキをかけないと5点減点となります。

10　エンジン停止（サイドブレーキからエンジン停止まで）

　次に合図を止めて、ギアをニュートラルから後退に入れます。そして、キースイッチをオフにしてエンジンを停止させ、電気系統（けいとう）のメインスイッチがある場合には、それを切り、クラッチから足を離（はな）し、最後にブレーキから足を離（はな）します。

　ギアは平坦（へいたん）な場所や下り坂では後退に入れ、上り坂では1速に入れます。このときにギアを後退や1速に入れないと5点減点となります。

　なお、車種によってはキースイッチをオフにしてもエンジンが停止しないものがあります。この場合はデコンプというエンジンの圧縮行程（あっしゅくこうてい）が発生しないようにするレバーを引き、エンジンを停止させてから、キースイッチをオフにします。大型車のほとんどすべてに使用されているディーゼルエンジンは電気火花によらずに着火していますので、基本的には電気を止めてもエンジンは回転を続けます。キースイッチでエンジンが停止するものは電気の働きでデコンプと同じ動作をさせたり、燃料を止めたりしてエンジンを停止させています。

　また、エンジンが回転している間にギアを後退に入れますが、クラッチを踏（ふ）んでいる時間が長すぎると変速機内のギアの回転が止まり、ギアの噛（か）み合い位置によってはギアが完全に入らないようになることがあります。

　このような場合にはクラッチを踏（ふ）んだまま、いったんギアをニュートラルにしてクラッチを少しつなぎ、ギアを回転させて後退に入りやすくなるようにします。もちろん、この間もブレーキをしっかり踏（ふ）んでおかなければなりません。

| 11 | ギアチェンジ（停止したら２速。確実に変速。できるだけ直進で変速） |

　ギアは車種により図3.8のように左上が後退でその下が１速、２速が１速の右上で後退の右にあるものや、左下が後退でその右上が１速、２速が１速の下で後退の右にあるものがあります。

　発進前のルームミラー調整などが済んだ後に試験車両がどのパターンか、大型車の発進に必要な２速がどこにあるかをシフトレバーに表示されているパターンを見ながら動かして確認します。

　ギアはシフトレバーでシフトパターンをなぞるようにして、ニュートラル

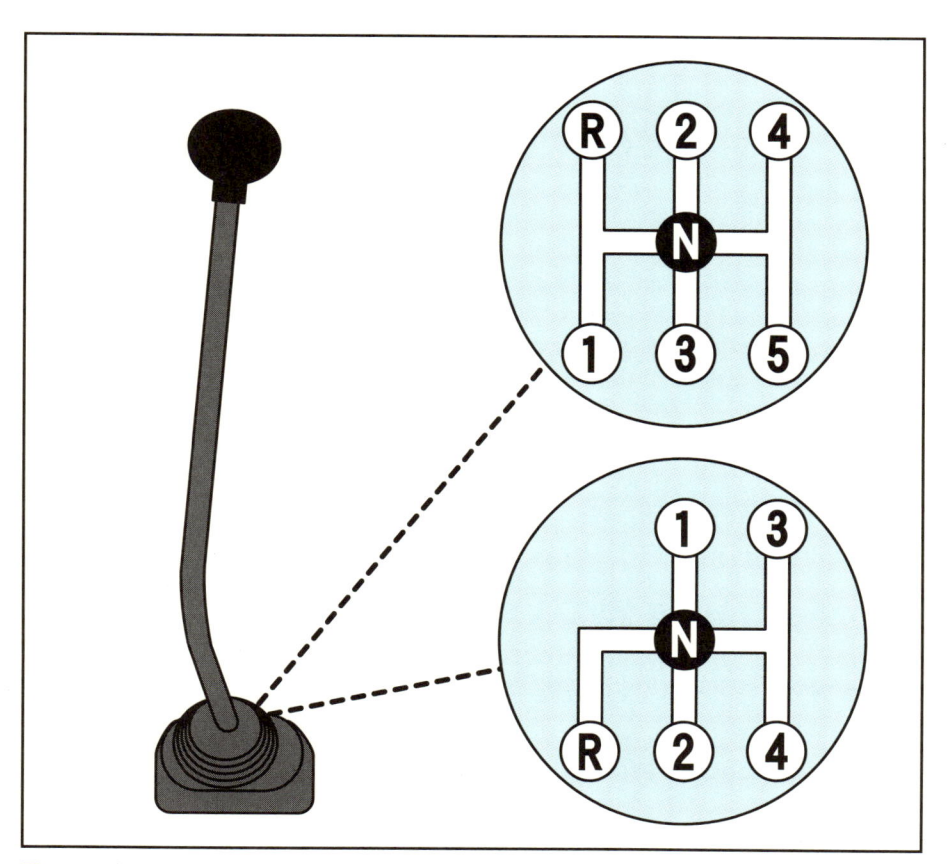

図3.8　ギアのシフトパターン

でひと呼吸おいてゆっくりと確実に入れ、ニュートラルのままであったり、噛み合わせが不十分で途中でギアが抜けたり、間違ったギアに入れたりしないようにします。試験コースは坂道や踏切以外でも緩やかに傾斜している場合があり、ギアを確実に入れないと前進すべきときに後退したり、後退すべきときに前進してしまうという逆行が起きてしまうことがありますので、正確なギアの選択に心がけましょう。

　ギアはハンドルを安定（固定）させてから操作します。やむを得ない場合以外は直進のときに操作をします。

　停止のときはシフトダウンはせずに、停止するまでシフトレバーには触れません。走行中にシフトレバーに触れてギアの位置を確認する人がいますが、これは適切なギアにシフトしているかどうかに不安がある場合や、今どのギアに入れているかわからなくなっている場合にとる行動であり、片手ハンドルになりますのでなるべくしないようにします。どうしても不安ならば目でチラッと確認するようにします。

　いずれにしても確実なギア操作を行うように努め、アクセルの踏み加減とスピード、エンジンの回転音によりどのギアに入っているか体感できるようになっていることが必要です。信号待ち、一旦停止などで停止する場合には、停止してから2速にして、ブレーキとクラッチを踏んだまま発進に備えます。

　なかには2速と後退がミスシフトしやすい操作感覚のものもありますので、後退を知らせるブザーの音にも注意して、間違って後退しないようにします。逆行の減点は10点から試験中止までと大きいので注意が必要です。

12　加速（短区間でも加速。次の信号が赤でも加速）

　試験場は狭いので、短区間でも直線は目いっぱい加速します。たとえ、次の信号が赤であったり、黄色になっていて赤になりそうでも、加速します。そして、減速し、停止します。ただし、速度を出しすぎないように速度制限

の標識に注意が必要です。標識が何もなければ、一般道路の最高速度と同じ時速60キロメートルが制限です。しかし、何も標識がなくても、見通しの悪い交差点や優先道路に出るところなど危険な場所は徐行して安全確認をする必要があります。場合によっては一時停止が必要です。

カーブでもハンドルを戻し始めるときから加速を開始します。そして、直線が長ければ、どんどんシフトアップしてできるだけ4速まで入れます。ただし、シフトアップしても加速が不可能なときはシフトアップはしませんので、区間が短くて無理な場合には3速のままでも構いません。しかし、加速不良と判断されると特別減点項目として、1回目にさかのぼって減点10点ずつとなります。ともかく、加速のときはアクセルはいっぱい踏むようにします。慣れないと怖くてアクセルをいっぱいに踏めませんので、試験官はアクセルの踏み方で運転や車両に対する慣れを見ています。とくに、気づきにくい加速不良が、一旦停止する踏切の前後の短区間での加速不良です。

以上のように、加速するところは加速し、減速や停止するところはきちんと減速、停止するというメリハリのある運転が求められています。ただ、漫然と走っているのでは合格しません。

13　減速（カーブの前に減速終了。ポンピングブレーキ。停止時は常時ブレーキ）

ブレーキはカーブや交差点に入る前に完了させておき、カーブや交差点には徐行で進入します。試験場では徐行または停止する場合で余裕のあるときには、ブレーキの断続操作（ポンピングブレーキ）が必要です。ブレーキペダルを2回以上踏まないと、特別減点項目として2回目から1回目にさかのぼって5点ずつ減点となります。ブレーキペダルを2回以上踏んだかどうかは、試験官の前にあるブレーキランプと連動したパイロットランプで判定されます。

したがって、ブレーキペダルの踏み方によっては点滅しないこともありま

すので、用心して3回ブレーキペダルを踏むのがよいでしょう。3回ブレーキを踏むといっても3回ガクガクさせるのではなく、足の裏の親指の付け根の部分で踏んでブレーキランプをつける程度にブレーキペダルを軽く2回パタパタさせて踏み、ペダルを完全に上まで戻した後、3回目に本番のブレーキをかけます。

　減速はあくまでも滑らかに行い、初めは軽く、後は強くギューッと踏み、停止直前は力を抜いて停止、停止したら強く踏み、車両を確実に停止させます。信号待ちや、一旦停止のときには、いつもブレーキペダルを踏んでおきます。これも怠ると特別減点項目として5点ずつの減点になります。

14　徐行（きちんと徐行）

　徐行とはいつでもその場（だいたい1メートル以内）で停止できる速度で運転することで、およそ時速10キロメートル以下で走行することを言います。

　徐行のときにいちいち速度計を見て確かめる余裕はないので、しっかりと練習して体で覚えるしかありません。むしろ、時速10キロメートル以下にとらわれずに、徐行するときは遅すぎるくらい遅く、歩くより遅いくらいにするのがよいでしょう。そのほうが速度を抑えるときは十分に抑える、メリハリのある運転と認めてもらいやすくなります。

　技能試験では試験官が徐行すべきところを指示するわけではありません。徐行すべきところは以下のような場所です。

① 　徐行の標識があるところ（前方が優先道路のところ）
② 　左右の見通しがきかない交差点（信号機などによる交通整理が行われている場合や優先道路を通行している場合を除く）
③ 　道路の曲がり角付近
④ 　交差点で右左折するとき
⑤ 　上り坂の頂上付近

⑥ 勾配の急な下り坂

15　一時停止（きちんと停止）

ここでは信号による停止など、停止後すぐ車を発進させる場合の一時停止について説明します。

停止するときは、停止地点を早くから確認し、車の速度と停止地点までの距離やその車のブレーキのきき具合も考えて、アクセルやブレーキ、クラッチなどの操作をしなければなりません。

一時停止するときの手順は、次のとおりです。

① エンジンブレーキ

アクセルペダルから足を離してエンジンブレーキをきかせる。

② クラッチペダル

ブレーキペダルを踏んで速度を十分に下げてからクラッチペダルを踏む。ただし、クラッチペダルを踏むタイミングが遅すぎると、ノックを起こす原因となるので注意が必要。

③ ブレーキペダル

停止位置の手前1メートル以内で停止できるようにブレーキペダルを踏むが、停止直前にブレーキペダルの踏み込みを少しゆるめ、停止したら強く踏み込む。この停止直前にブレーキを少しゆるめるのは、停止したときのガックンとしたショックをやわらげるため。このときに停止線より飛び出せば危険行為として試験中止になり、停止位置からおおむね2メートル以上手前で停止すると5点減点となる。

④サイドブレーキ

車が完全に停止したら、チェンジレバーを2速の位置にして、発進に備える。信号による停止などでは、ブレーキペダルを踏み込んでおく。駐停車するときの停止では、まずサイドブレーキをしっかりとかけ、ギアを

ニュートラルにして、踏み込んでいるクラッチペダルから足を離し、最後にブレーキペダルから足をゆっくりと離す。

なお、これらの操作は、ブレーキペダルやクラッチペダルをいちいち目で確かめなくても行えるようにしておかなければなりません。

一時停止後、発進するときは、必ず安全確認をしなければなりません。

見通しの悪いところでの一時停止では、停止線の直前で停止した後、左右の見通しのきくところまでゆっくり出て、さらに安全を確かめます。

徐行と同じように、一時停止すべきところについて指示があるわけではありません。

一時停止すべきところは、以下のような場所です。

① 一時停止の標識があるところ（前方が優先道路のとき）
② 信号機が赤色の灯火の点滅のとき
③ 踏切
④ 横断歩道の手前に止まっている車があり、そのそばを通って前方に出るとき
⑤ 前方に障害物があり、対向車線や右側の交通を妨げるおそれがあるとき
⑥ 方向変換、縦列駐車、鋭角コースなどで後方を確認するとき（けん引の技能試験には縦列駐車、鋭角コースはありません）

16 合図・進路変更（ミラー類・目視による確認。目視確認のしかた）

進路変更のときは、まずルームミラー、進路変更する方向のサイドミラーで後方の安全確認をし、さらに、その方向と後方の死角を目視で安全確認して合図を出します。そして、再度、その方向と後方の安全を目視で確認して進路を変更します。その後、右折や左折をします。

このとき、目視確認は腰から上体を回すようにして、少し長めに確実に行

う必要があります。首だけ回したのでは得られる視野が狭く、確実な目視安全確認とは認められない可能性があります。後方の確認をしなかったり、死角の安全確認をしないと、10点減点となります。

17　右折（ルームミラー確認から加速までの手順）

右折は左折に比べて、半径の大きいコーナーを曲がるので、一般に左折よりはやさしい課題です。右折の手順を示すと次頁の図3.9の通りです。

① ルームミラー・右サイドミラー・目視により、後方、右側、右後方の安全確認をして、右に進路変更する3秒前に右折の合図を出す。

② 3秒後に（交差点の30メートル手前の地点で）再度、ルームミラー・右サイドミラー・目視により、後方、右側、右後方の安全確認をしてセンターラインから50センチメートル以内に寄る。（大型第二種のバスや大型第一種のトラックの場合には、センターラインの幅だけあけてセンターラインに寄るが、けん引車の場合はトラクタよりトレーラのほうが幅が広いのでセンターラインに寄りすぎないようにする。）

③ ブレーキを軽く2度以上踏み、ブレーキランプを点滅させてから、ブレーキを踏み込み、減速する。

④ ブレーキを放し、ギアを3速とし、アイドリング状態で、およそ時速10キロメートル以下まで徐行する。

⑤ 交差する道路（右方、前方、左方）の安全確認をする。

⑥ 右側、右後方の安全確認をして、右折を始める。

⑦ トレーラの右後輪がセンターラインを踏まないようにするだけでなく、トレーラの車体がセンターラインを越えないように交差点に進入し、右折を開始する。このときも両手でハンドルを回す。トラクタの左前輪が交差点中心の直近内側を通るようにする。ハンドルを回すと走行抵抗が増えるので軽くアクセルを踏みスムーズに徐行する。

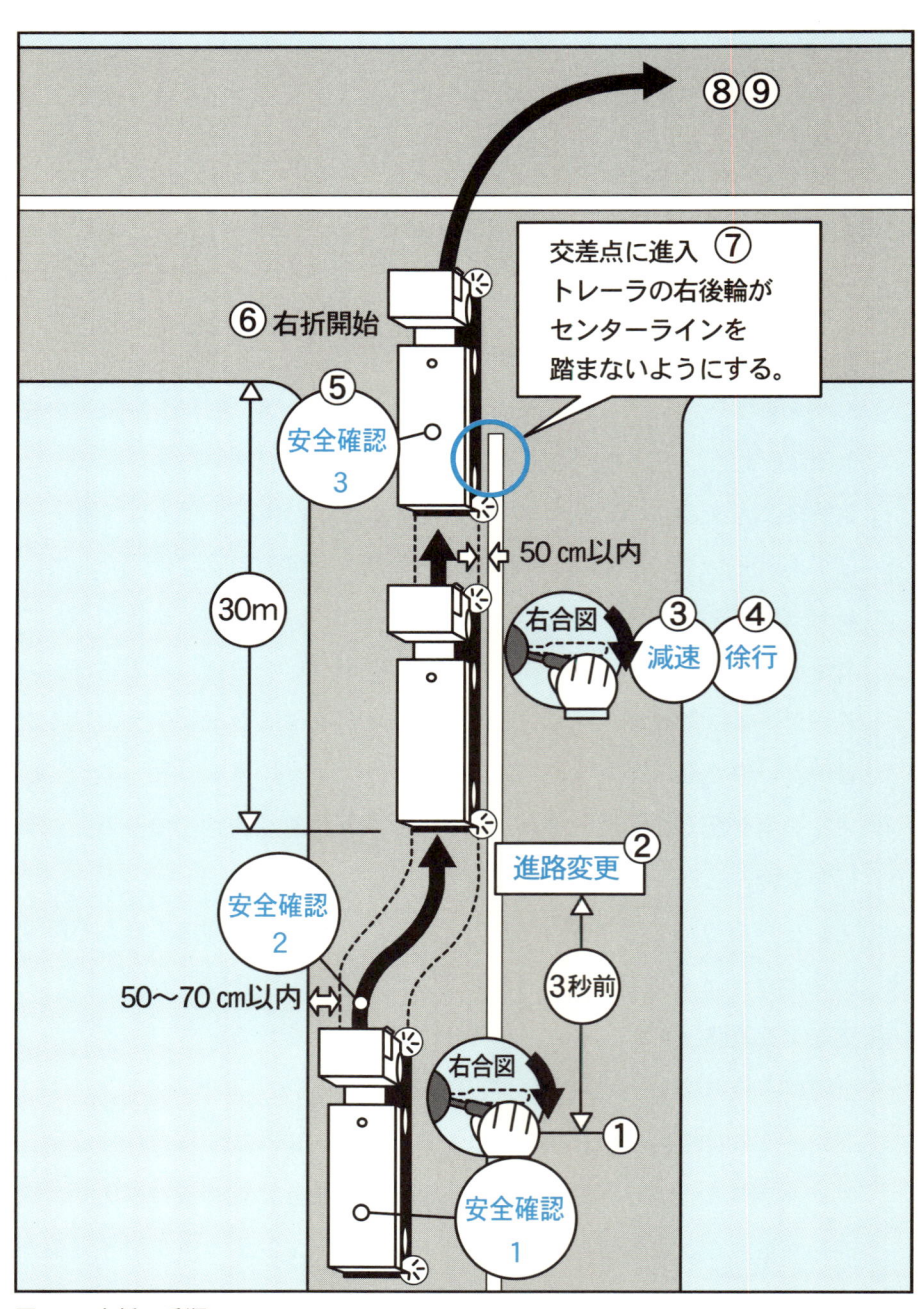

図 3.9 右折の手順

⑧少し頭を大回りに右折して、ここでもトレーラの右後輪がセンターラインを踏まないようにするだけでなく、トレーラの車体がセンターラインを越えないように注意する。

⑨トレーラの左後輪を路側帯から50〜70センチメートルにそわせた後、そのまま左にそってアクセルをいっぱい踏み加速して走行する。ただし、右折した交差点から次の交差点までの距離がおおむね50メートル以下で、そこを右折するならば、左にそわせずに、第二通行帯またはセンターライン寄りを走行しても構わない。

以上のような忙しい操作を滑らかに行わなければならないということがわかると思います。3回の安全確認をしながら、3秒前に合図して、交差点の30メートル手前までに進路変更して右折するのは慣れが必要です。ここでも安全確認は首を左右に回して行う必要があります。後方は腰から回して安全確認をする必要があります。

これらの手順を間違えると減点されます。

たとえば、進路変更のとき安全確認をしなければ後方と横の死角の安全確認不実施で各10点減点、合図をしなかったり3秒前に合図をしなかったりすれば各10点減点、ブレーキペダルを2度以上踏まないことが2回以上あれば1回につき5点減点。道路右側に寄らずに右折すれば10点減点。右に寄りすぎて車体の一部がセンターラインを越えれば、右側通行で試験中止、徐行しなければ20点減点。両手が使用できる状態なのに片手でハンドルを保持していれば5点減点、曲がり終えた後の加速が不十分なことが2回以上あれば1回につき10点減点です。

また、右折後、50メートル以内に次の交差点があり、ここを右折するときはセンターラインに寄ってもよいのですが、このときにセンターラインを踏みやすく、もしセンターラインを踏むと、右側通行となり、これ1回だけで試験中止となります。

18　左折（ルームミラー確認から加速までの手順）

　左折はともすればないがしろにされがちな課題です。けん引車の場合、技能試験の課題の中では一般に後退による方向変換がもっとも難しいと考えられていますし、事実、教習でも方向変換の練習に多くの時間を割いているのが実情でしょう。確かに、方向変換は慣れないと難しいものですが、方向変換、S字、踏切といった課題だけできても、決して合格はしません。周回コースや右折、左折も大事な課題です。

　左折は右折に比べて、半径の小さいコーナーを曲がるので一般に右折よりも難しいと考えられます。とくに、けん引車の場合は六輪車であることから、左折時に最後部の車軸となるトレーラの後輪を理想のラインに乗せるようにハンドルを回して、トラクタの前輪とトラクタの後輪の位置を制御する必要があり、左折が難しくなっています。技能試験でも減点のかなりの部分を左折が占めていると思われます。

　左折の手順を示すと図3.10の通りです。

①ルームミラー・左サイドミラー・目視により、後方、左側、左後方の安全確認をして、左に進路変更する3秒前に左折の合図を出す。

②3秒後に（交差点の30メートル手前の地点で）再度、ルームミラー・左サイドミラー・目視により、左側、左後方の安全確認をして路側帯から肩幅くらい（50センチメートル以下。ミラーで1センチメートルくらい）あけて左に寄る。

③ブレーキを軽く2度以上踏み、ブレーキランプを点滅させてから、ブレーキを踏み込み、減速する。

④ブレーキを放し、ギアを3速とし、アイドリング状態で、およそ時速10キロメートル以下まで徐行する。

⑤交差する道路（右方、前方、左方）の安全確認をする。

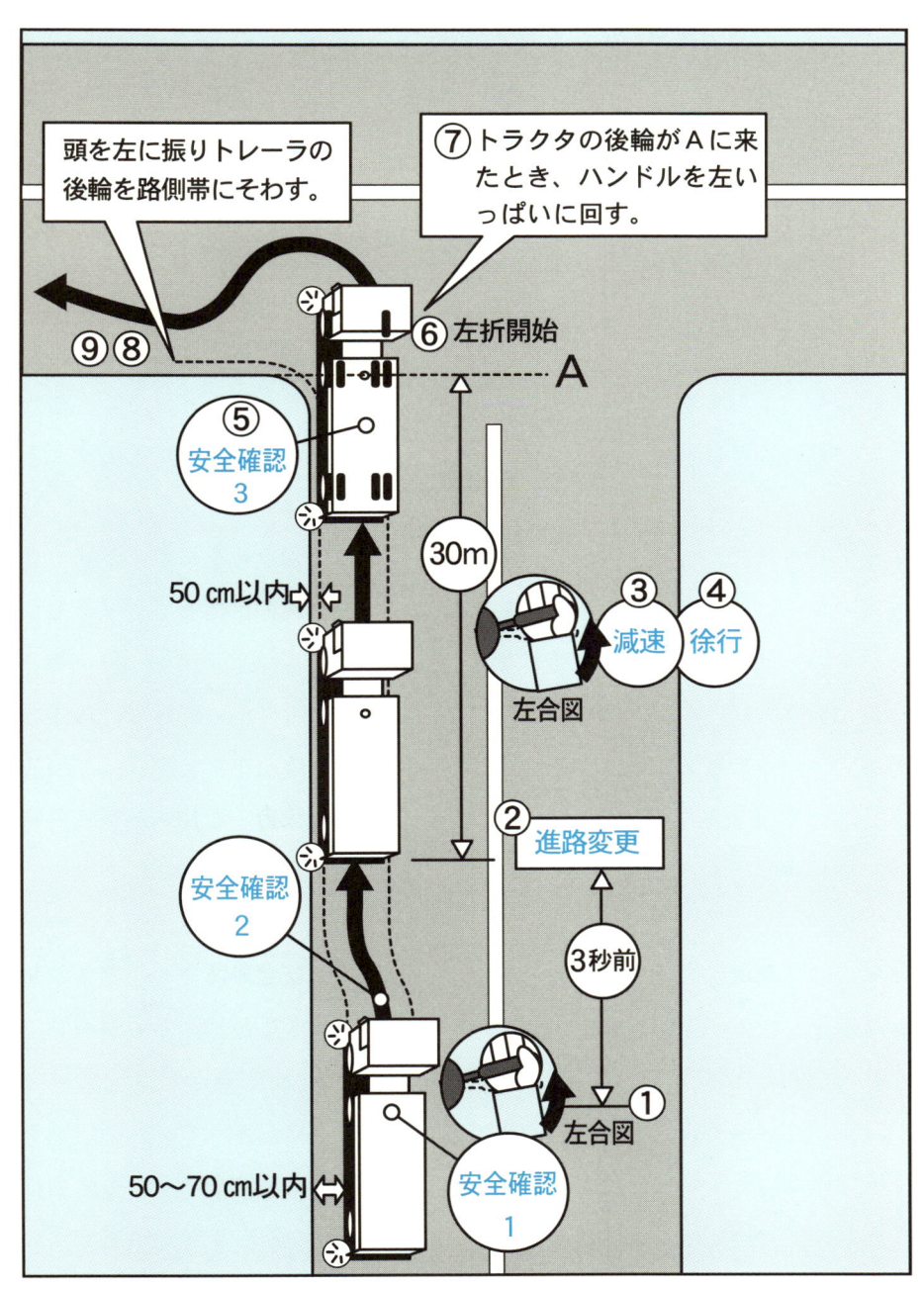

図3.10　左折の手順

⑥左側、左後方の安全確認をして、左折を始める。

⑦運転席の後ろ（トラクタの後輪、つまりトレーラの操舵輪）が角（図3.10のA）に来たときに、両手でハンドルを左にいっぱい回す。（トレーラの左後輪を路側帯にそわす。ハンドルを回すと走行抵抗が増えるので軽くアクセルを踏みスムーズに徐行する。）

⑧トレーラの左後輪が角を曲がった後、少し頭を左に振る（トラクタを左に振りすぎるとハンドルの戻し遅れと判定される）ようにしてから、両手でハンドルを右に戻して、左後輪を路側帯にそわすようにする。路側帯との距離は肩幅くらい（約50センチメートル）。ハンドルを戻すときから、アクセルを徐々に踏み込む。

⑨トレーラの左後輪を路側帯にそわせた後、右にふくらませず、左サイドミラーで路側帯との距離を確認しながら、そのまま左にそってアクセルをいっぱい踏み加速して走行する（路側帯から50〜70センチメートル）。

以上のように、右折と同様の非常に忙しい操作を滑らかに行わなければならないということがわかると思います。3回の安全確認をしながら、3秒前に合図して、交差点の30メートル手前までに進路変更してトレーラの左後輪を路側帯にそわせて曲がるのは慣れないと曲芸をするようなものでしょう。30メートルという距離は試験コースを見て歩いたりして感覚をつかみますが、各地域にある専門の教習所では、どのあたりで合図して、どこで進路を変えればよいかの目安を示した地図を入手できることがありますので、それを利用してもよいでしょう。また、目測として町で見かける大型バス（1台約10メートル）3台分と覚えておいてもよいでしょう。

安全確認は目玉だけを動かしても確認したとは認められません。首を左右に回して安全確認する必要があります。後方は腰から回して安全確認をする必要があります。

なお、停止後の左折時は2速発進後、すぐに3速にしますが、間に合わな

ければハンドルを左いっぱいに回したところで右手でハンドルを固定して3速にしても構いません。

　また、左折の手順のなかで、トラクタの後輪が角に来たときにハンドルを左いっぱいに回すのは、トレーラのホイールベースが短い試験車両の場合です。ホイールベースが長いときは、もっと遅らせてハンドルを回したり、右にトラクタを振ったりしますが、試験場では次項の「19　右折、左折の連続」の場合を除き、これらの操作（そうさ）は不要です。

　そして、左折した交差点から次の交差点までの距離がおおむね50メートル以下で、そこを右折するならば、左にそわせずに、第二通行帯またはセンターライン寄りを走行しても構いません。このときは、トレーラの左後輪が角を曲がった後のトラクタの左振りは必要ありません。ハンドルの戻（もど）し遅（おく）れや蛇行（だこう）と判定される場合があります。

　これらの手順を間違（まちが）えると減点されます。たとえば、進路変更（へんこう）のとき安全確認（かくにん）をしなければ後方と横の死角の安全確認不実施（かくにんふじっし）で各10点減点、合図をしなかったり、3秒前に合図をしなかったりすれば各10点減点、ブレーキペダルを2度以上踏まないことが2回以上あれば1回につき5点減点。道路左側に寄らずに左折すれば巻込（まきこ）みの危険があるということで10点減点。左に寄りすぎて路側帯（ろそくたい）に車体の一部が入れば10点減点、徐行（じょこう）しなければ20点減点。必要ないのに右に頭を振（ふ）って曲がれば10点減点、両手が使用できる状態なのに片手でハンドルを保持していれば5点減点、曲がり終えた後の加速が不十分なことが2回以上あれば1回につき10点減点、といった具合に減点の対象はいくつもあります。すぐに持ち点はなくなってしまい、試験中止となります。

　また、左折後、50メートル以内に次の交差点があり、ここを右折するときは第二通行帯またはセンターライン寄りを走行してもよいのですが、このときに通行帯のラインやセンターラインを踏（ふ）みやすく、もしセンターラインを踏むと、右側通行となり、これ1回だけで試験中止となります。

このように、技能試験は運転に慣れているかどうかは当然のこととして、交通の安全と円滑を目的とした道路交通法に従った運転ができているか、安全確認の習慣が身についているかを見ているということです。これらの動作が自然にできるように十分に練習して技能試験に臨む必要があります。

19　右折、左折の連続（トレーラ特有の操作）

左折するときに、いつも頭を右に振ってから曲がる人もいますが、試験場では原則として左にそって曲がります。

ただし、図 3.11 のように右折後、短距離で左折になる場合にはまっすぐ深くトラクタを突っ込み右折した後、例外的に頭を右に振って左折します。こうしないと左折時にトレーラの左後輪が脱輪しそうになりますし、これをうまく防いでも、大回りにならざるを得ず、左折後にトラクタの右前輪がセンターラインをオーバーしやすくなります。

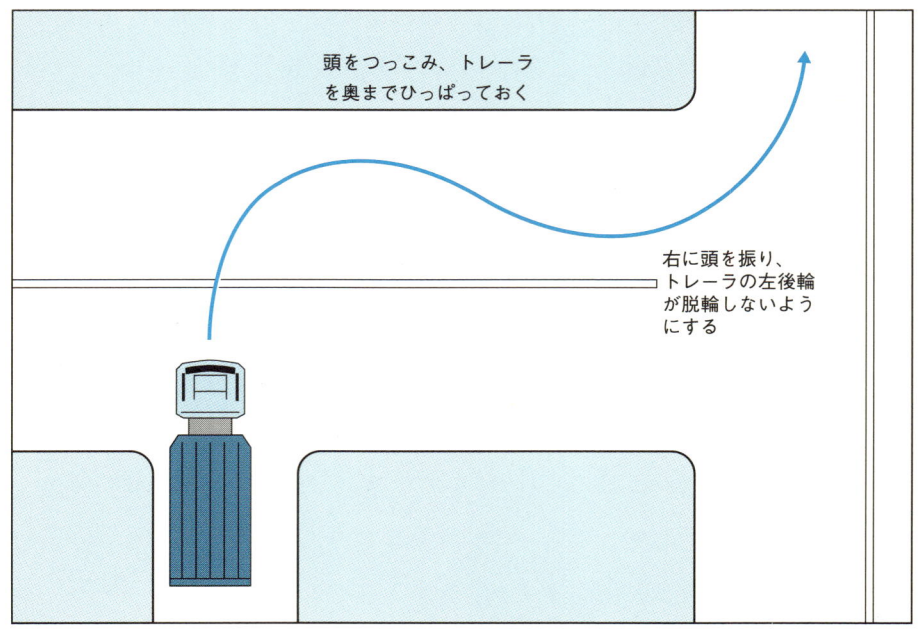

図 3.11　右折、左折の連続

なお、試験車両とは異なる車両で道幅の割にホイールベースが長い場合には、左折のたびにトラクタを右に振って大回りしなければ左折できない場合もありますが、試験車両はホイールベースが短いので、右折後、短距離で左折になる場合を除いて、トラクタの右振りは必要ありません。逆に、不要な頭振りで減点になります。通常の左折ではあくまで左にそって曲がります。

20 周回道路・幹線道路での直進（どんどん加速）

　直進も左折同様にともするとないがしろにされがちですが、大事な課題の一つです。直進はメリハリのある走行が要求されます。つまり、しっかりとした加速と減速が必要ということです。ですから、どんどん加速して、できるだけ制限速度いっぱいで走るようにします。制限速度の標識がとくにない場合、制限速度は時速60キロメートルです。車両に十分に慣れていないと、おっかなびっくりの走り方になり、とてもメリハリのある走行は望めません。

　また、道路の左端にそって走行する必要があり、常に道路の左端の路側帯とトレーラとの間隔が50〜70センチメートルであることを左サイドミラーで確認しながら走らなければなりません。普通は路側帯を踏んだりはしないものですが、試験場の周回道路で左端の路側帯が中央寄りに出っぱっている場合がありますので、そういう所は注意が必要です。周回道路で路側帯が出っぱっている場合に、これに気づかなければ数メートルは路側帯を踏んだまま走行したり、路側帯に入って走行してしまうでしょう。路側帯に車体の一部が入っただけで10点減点となります。けん引車はトラクタよりもトレーラの幅が広いので十分な注意が必要です。

　よく失敗するのがセンターラインが連続している場合のような優先道路を横切るときや見通しの悪い交差点を横切るときで、こういう場合は直進でも徐行しながら交差点に入らなければなりません（交差点の右左折、曲がり角、上り坂の頂上付近、勾配の急な下り坂、標識で指定された場所も徐行です）。

この徐行を怠ると20点減点となります。徐行とはすぐに停止できる速度で、おおむね時速10キロメートル以下です。徐行のときにいちいち速度計を見て確かめる余裕はないことが多いので、しっかりと練習して体で覚えるしかありません。むしろ、時速10キロメートルにとらわれて、ぎりぎりを狙ったりせずに、徐行するときは遅すぎるくらい遅く、歩くより遅いくらいにするのがよいでしょう。そのほうが速度を抑えるときは十分に抑える、メリハリのある運転と認めてもらいやすくなります。

　また、信号待ちの後の先頭車両として交差点に進入するときは左右の確認が必要です。

21　指示速度での走行（メーターの針を何キロに合わすか）

　直線道路では課題に指示速度というものがあり、走行速度が指示されます。指示速度よりも時速5キロメートル以上遅かったり、指示速度よりも時速5キロメートル未満速いと10点減点となり、時速5キロメートル以上速いと20点減点となります。

　したがって、指示速度が時速40キロメートルの場合には時速36キロメートルから時速40キロメートルの範囲に速度を保つ必要があり、速度の上下に余裕をみて図3.12のように時速38キロメートルを狙ってアクセルを調整するのがよいでしょう。指示速度は速度が一瞬でもこの範囲に入ればよいのですが、手早く加速していき、できるだけ長く、安定して指示速度を維持するようにします。また、乗車時に速度計の目盛りを見ておき、指示速度がどのあたりになるのかを確認しておくと、運転中の速度確認にまごつきません。

22　路側帯・センターラインとの距離

　直進のときの路側帯との距離は50～70センチメートルくらい取り、キープレフトの原則に従います。路側帯に寄りすぎて路側帯に車体の一部が入る

指示速度での走行

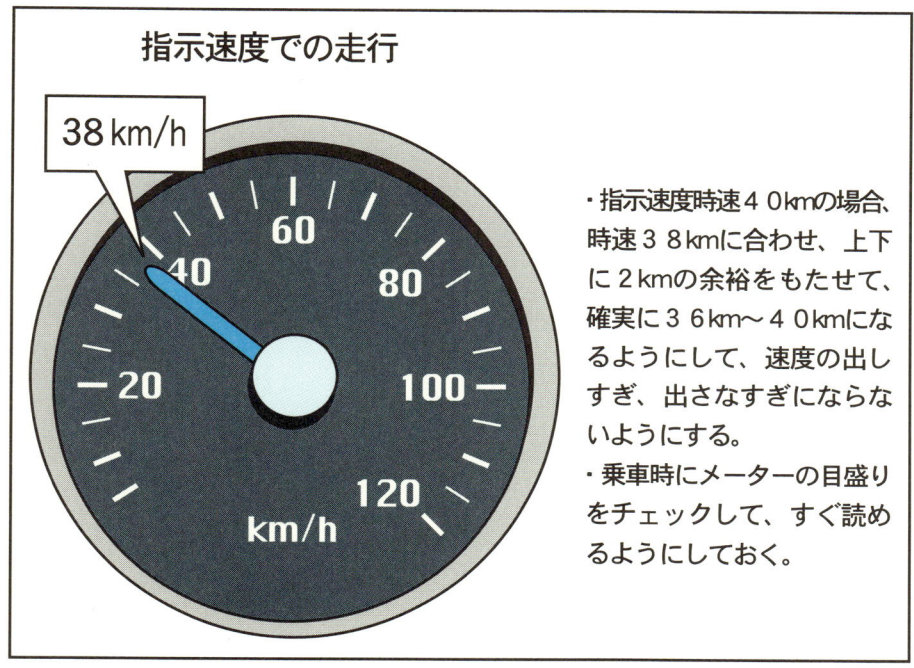

38 km/h

- 指示速度時速４０kmの場合、時速３８kmに合わせ、上下に２kmの余裕をもたせて、確実に３６km〜４０kmになるようにして、速度の出しすぎ、出さなすぎにならないようにする。
- 乗車時にメーターの目盛りをチェックして、すぐ読めるようにしておく。

図 3.12　指示速度での走行

と 10 点減点となります。

　左折するときは路側帯との距離は 50 センチメートル以下とします。だいたい人間の肩幅くらいの見当です。左のサイドミラーで見ると、ミラー上の長さで１センチメートルくらいです。左折するときに、左後輪が１メートル以上離れると５点減点となります。

　周回道路やＳ字、方向変換などの部分を結ぶ道路以外の所、つまり、Ｓ字、方向変換などの部分では、そこに入った後に左に寄る必要はありません。また、そこからの出口でも左に寄る必要はありません。キープレフトはこれらの場所には適用されません。こういった部分も常に左に寄らなければと、無理をすると次の角が曲がりにくくなったり、脱輪したりすることが多くなります。次の角を曲がりやすいように右や左に寄って走行しても構いません。

　右折のときはセンターラインに寄りますが、センターラインの幅分を残す

程度までぎりぎりに寄ります。センターラインから0.5メートル以上離れていると10点減点となります。ただし、けん引車の場合はトレーラが運転席のあるトラクタの部分より幅があるため、トレーラがセンターラインをオーバーしやすいので注意が必要です。センターラインオーバーは危険な右側通行となり、それだけで試験中止となります。

23　カーブの走行（徐行し両手でハンドル保持。ブレーキ不可）

　カーブではその手前で十分に速度を落とし、いつも徐行で進入します。

　よくカーブはスローイン・ファーストアウト（低速でカーブに進入して、スピードを上げてカーブから出る）とか、アウト・イン・アウト（右（左）カーブのときに路側帯（センターライン）に寄ってカーブに進入して、カーブの中程のセンターライン（路側帯）をかすめるようにして通過し、カーブの出口では、再び路側帯（センターライン）に寄り、通過半径を大きくすることによりスピードを落とさずに走行する）とか言われますが、試験場ではスローイン・ファーストアウトはよいのですが、アウト・イン・アウトはだめです。

　レースではないので、図3.13のように右（左）カーブではアウト・アウト・アウト（イン・イン・イン）、つまり、常に道路の左端にそって走るのが正しい走り方です。また、カーブの途中でのブレーキは、速すぎる速度で進入したと判断され、20点減点となります。

　そして、ハンドルはいつも両手で回します。片手でハンドルを回すと、片手ハンドルとなり、5点減点となります。

　どうしてもカーブの途中でギアチェンジする場合には、ハンドルは回さずに片手で固定し、ギアを変えます。これは一旦停止後の左折や、S字の出口などの短い区間での2速発進→3速にシフトアップ→ハンドルを左に回す、という操作がしにくい場合に、2速発進→ハンドルを左に回す→ハンドルを右手で固定し、3速にシフトアップという具合にも使用できます。

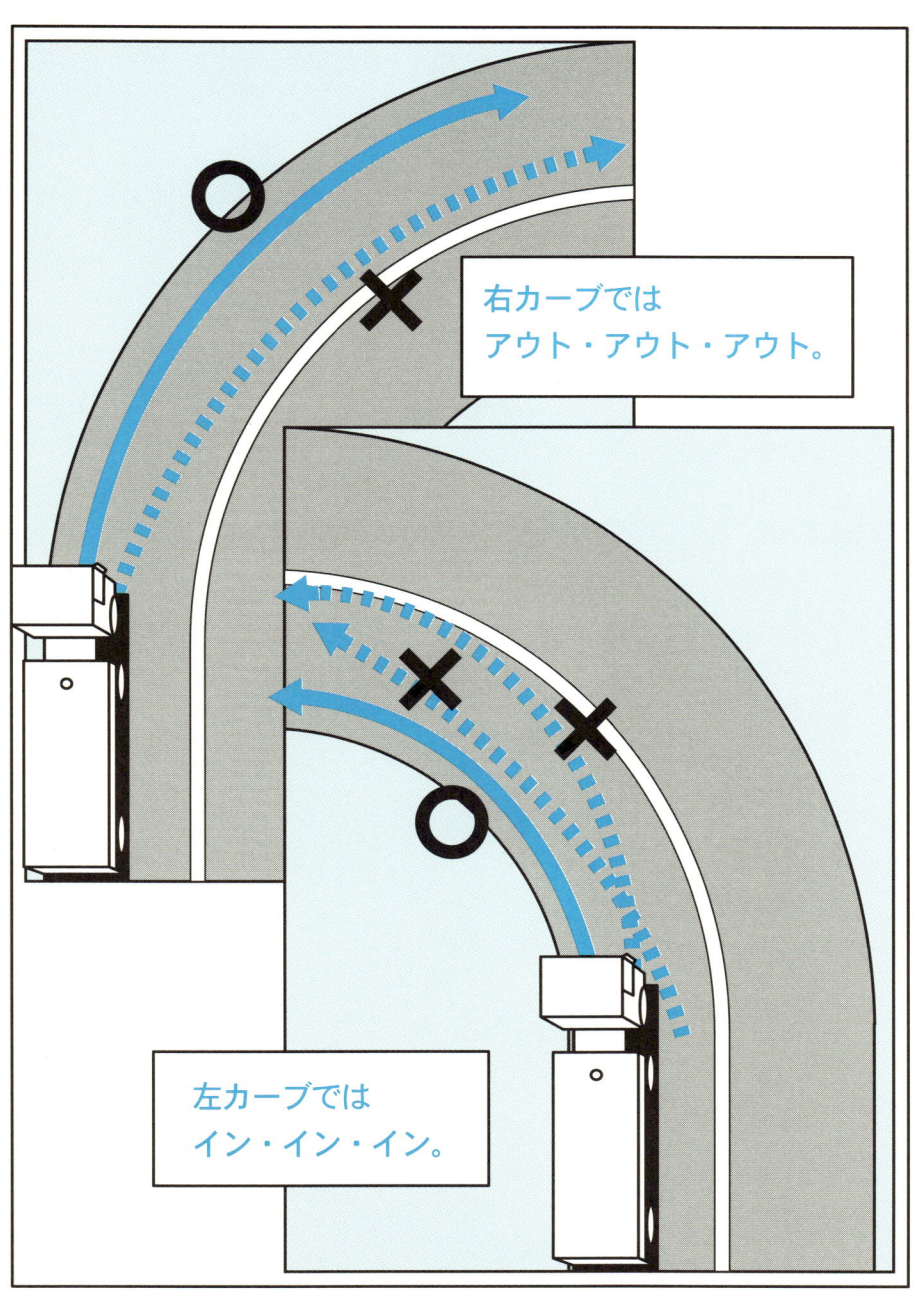

図 3.13 カーブの走行

24　障害物回避（進路変更、障害物との間隔）

　試験コースの道路の左側に立てられたコーンやポールは、他の車両や建物とみなします。このため、図3.14のように右に進路変更してこれらをよけます。この場合、右折と同様に進路変更する3秒前までに安全確認をして右の合図を出して進路を変えます。

　障害物と車両の間隔は1.0メートル以上あけて通過します。通過の際には、左のサイドミラーで障害物との間隔を確認するとともに、左の安全を確認して、左への進路変更の合図を出して、進路を元の位置に戻します。

25　S字（S字コースへの進入、通過、離脱）

＜S字コースへの進入＞

　右折でS字コースに進入する場合について述べます。コースへの進入はセンターラインに寄り、徐行してギアを2速にするまでは右折と同一です。

① ルームミラー・右サイドミラー・目視により、後方、右側、右後方の安全確認をして、右に進路変更する3秒前に右折の合図を出す。

② 3秒後に（交差点の30メートル手前の地点で）再度、ルームミラー・右サイドミラー・目視により、後方、右側、右後方の安全確認をしてセンターラインから50センチメートル以内に寄る（大型第二種のバスや大型第一種のトラックの場合には、センターラインの幅だけあけてセンターラインに寄るが、けん引車の場合はトラクタよりトレーラのほうが幅が広いのでセンターラインに寄り過ぎないようにする）。

③ ブレーキを軽く2度以上踏み、ブレーキランプを点滅させてから、ブレーキを踏み込み、減速する。

④ ブレーキを放し、ギアを3速とし、アイドリング状態で、およそ時速10キロメートル以下まで徐行して、ギアを2速にする。

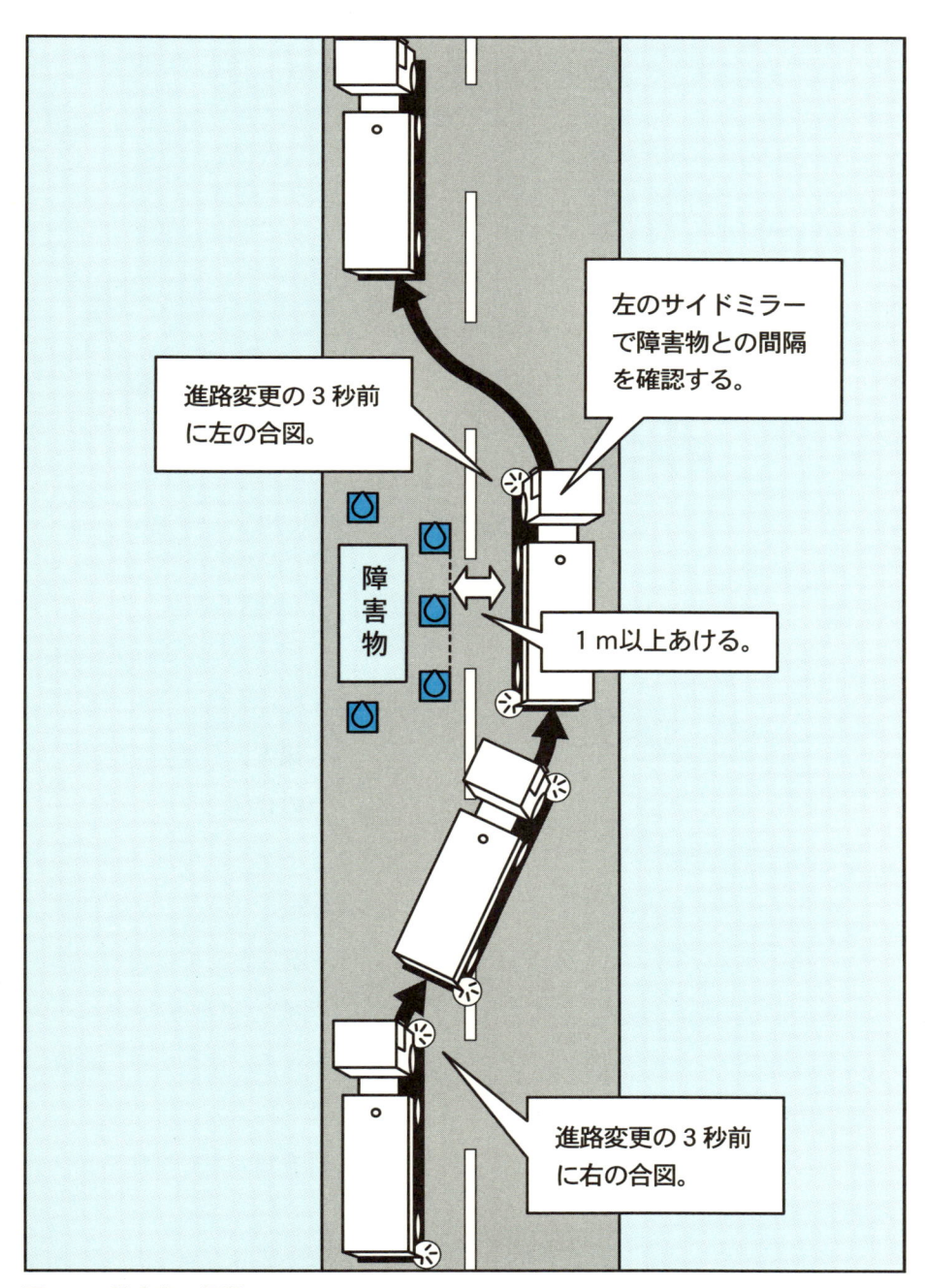

図 3.14 障害物の通過

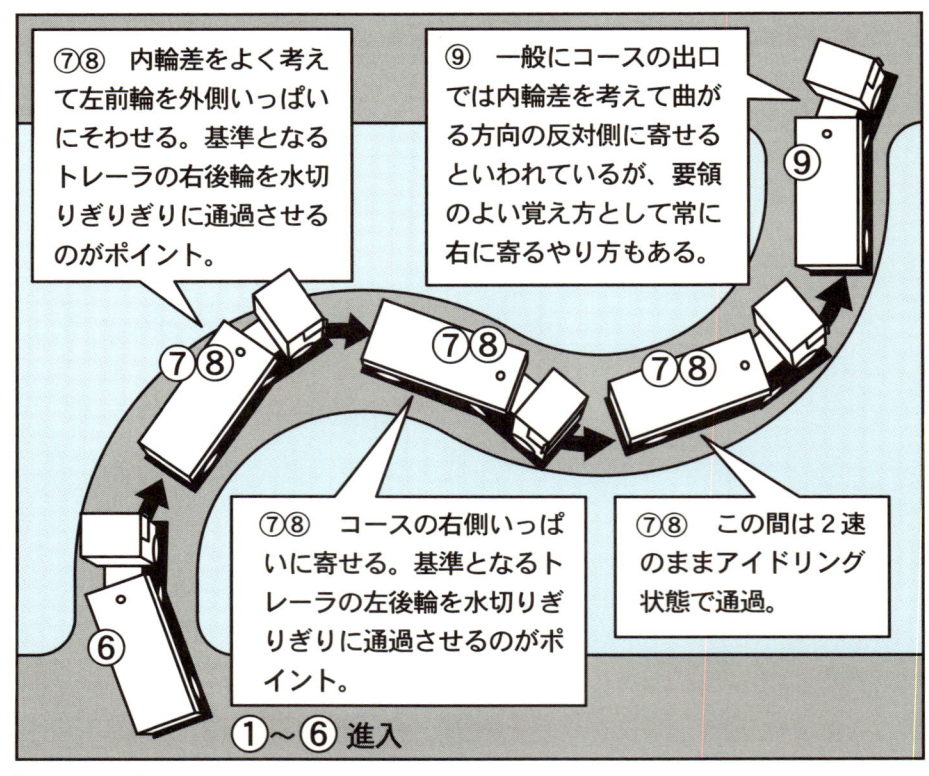

図3.15 S字コース

吹き出し内テキスト：

⑦⑧ 内輪差をよく考えて左前輪を外側いっぱいにそわせる。基準となるトレーラの右後輪を水切りぎりぎりに通過させるのがポイント。

⑨ 一般にコースの出口では内輪差を考えて曲がる方向の反対側に寄せるといわれているが、要領のよい覚え方として常に右に寄るやり方もある。

⑦⑧ コースの右側いっぱいに寄せる。基準となるトレーラの左後輪を水切りぎりぎりに通過させるのがポイント。

⑦⑧ この間は2速のままアイドリング状態で通過。

①〜⑥ 進入

⑤3回目の安全確認をして、トラクタの前輪がS字コースの近いほうの曲がり角に差しかかった所でハンドルを回し始める。（トラックと同様に自分のほぼ真下にトラクタの前輪があるので、目安としては自分が曲がり角に差しかかった所でハンドルを回せばよいことになる。）このときも両手でハンドルを回す。ハンドルを回すと走行抵抗が増えるので軽くアクセルを踏みスムーズに徐行する。

⑥少し頭を大回りに右折して、コースのカーブの外側の端に車体を寄せる。

＜S字コースの通過＞

⑦2速のまま、クラッチをつなぎ、アイドリング状態で通過する。クランクと違い、半クラッチは使わない。（ただし、けん引の技能試験の課題

にはクランクはない。)

⑧通過中は内側になるトレーラの後輪を中心として目を配る。

試験場のコースは、内側になるトレーラの後輪が水切り（縁石とアスファルトなどの路面との間にあるコンクリート部分）ぎりぎりに通過できれば、外側の車輪もうまく通過できるようになっています。ここを確認すればあとは安心して前を見て通過すればよいのです。

どうしても心配ならばトラクタの外側の前輪付近を右ミラーでチラッと確認します。そして、前方やトレーラの後輪やトラクタの前輪だけでなく、周囲に目を配り、周囲の安全に注意しなければなりません。また、縁石は高さが低い場合が多く、大型車の車輪では接輪したり脱輪しても気づかない場合もあるので十分に注意します。脱輪して1.5メートル未満進めば20点減点、1.5メートル以上進めば試験中止となります。サイドミラーでしっかりと車輪を見て接輪や脱輪をしないように、また、接輪しそうになっても接輪する前に停止できるように慎重に通過します。

＜Ｓ字コースからの離脱＞

⑨路側帯との距離のところで述べた周回路以外のＳ字コースや方向変換路では左に寄る必要はなく、走りやすいように右や左に寄って構いません。Ｓ字コースを出た後に左折するならばＳ字コースの出口では右に寄っておいたほうが左折しやすくなります。逆にＳ字コースを出た後に右折するならばＳ字コースの出口では左に寄っておいたほうが右折しやすくなります。しかし、Ｓ字コースを出た後に右折する場合は半径の大きいコーナーを曲がるので、Ｓ字コースの出口で右に寄っていても大丈夫です。したがって、「Ｓ字コースの出口では常に右に寄っておく」と覚えていれば間違いはありません。このように覚えることを少なくすることも間違いをなくすうえで大事なことです。

なお、クランクコースはけん引の技能試験の課題にはありません。このた

め、説明は省略しますが、けん引車の車体の特徴である小回りのききやすさから普通の大型車に比べれば割合に楽に通過できます。

26 踏切の通過（停止から踏切通過後の窓閉めまで）

図3.16のように踏切の手前で一旦停止します。停止位置は踏切の手前2メートル未満で、この間に停止しないと踏切不停止となり、試験中止となります。次にサイドブレーキをかけ、ギアを2速に入れます。そして、窓を開けて音を聞き、左右の安全を確認して発進します。実際の踏切と同様に真剣に音を聞き、上体を前に傾けて左右を確認します。遮断機も警報機もない踏

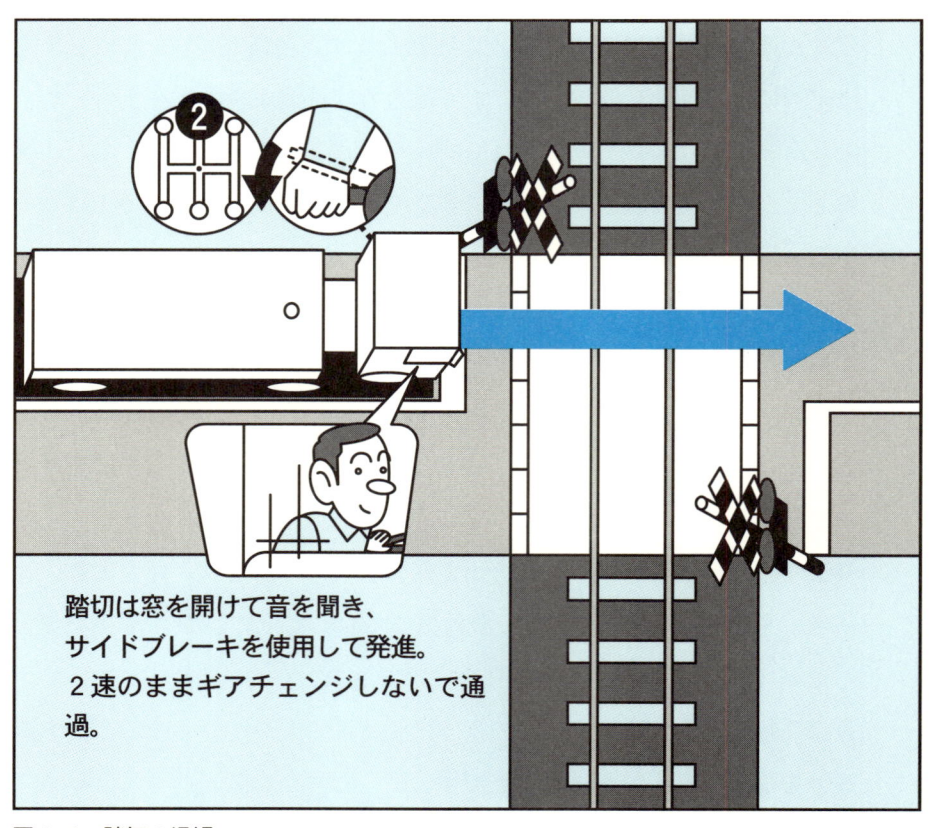

踏切は窓を開けて音を聞き、
サイドブレーキを使用して発進。
2速のままギアチェンジしないで通過。

図3.16 踏切の通過

切を通過するときと同じ気持ちで安全確認することが必要です。

　次に発進するのですが、ここでも通常の発進の安全確認を行います。発進の安全確認ができていないと10点減点となります。

　また、踏切は少し上り坂になっていることが多いので、後退しないように注意して坂道発進の要領で発進します。けん引は坂道発進の課題はありません。踏切が唯一の坂道発進の要素を含んでいます。ここで後ろに後退してしまうと、0.3メートル以上0.5メートル未満の逆行で逆行小となり10点減点となり、1メートル未満の逆行で逆行中となり20点減点となります。踏切ではこれ以上の逆行はないでしょうが、これを越えると試験中止となります。

　発進したら、ギアチェンジなしで通過します。車体の半分が踏切から出ないうちにギアチェンジをすると5点減点となります。けん引車はトレーラを含めた車体が長いので十分な注意が必要です。

　通過したら窓を閉めます。窓は別の課題のときの後退時の安全確認に窓を開けて目視をしているかの確認のために必要となります。窓閉め時の片手ハンドルはやむをえない事項なので減点とはなりません。バスのように窓が引き戸式で2枚ある場合には前側の窓を開けて音を確認します。これは後ろ側の窓を開けると開けたガラス窓が2枚前側に重なり、試験官から右側のサイドミラーが見えにくくなるためです。しかし、後退時の安全確認で窓を開け目視をする場合には前側の窓では首が出せませんので後ろ側の窓を開けます。

　なお、周回道路や幹線道路から踏切コースに入った後の左寄り走行と踏切直前の停止地点までの十分な加速を忘れがちですので注意します。

27　直線後退（窓開けから後退の運転姿勢まで。ハンドル操作は60°まで）

　後退はけん引の技能試験にはない課題ですが、実際に道路を走るときや、試験のときの方向変換や切返しの際に後退をするうえでも身につけておかなければならない技術です。

運転席の窓から後方を見る　　　　　　　左側から後方を見る

上体を右に向けて窓から顔を出す。
ハンドルは左手で操作し、右手はドアの取っ手を
つかみ安定させる。

上体を左に向けて運転席の後ろのガラスに顔を近
づけてフックを確認する。
右手でハンドルを操作する。

図 3.17　後方確認のしかた

　後退する場合にはけん引車に限らず、窓を開けて周囲の音を聞くとともに、図 3.17 のように窓から顔を出し、また、運転席の後ろのガラスに顔を近づけて後方の安全を確認します。後方、周囲は目視だけではなく、ルームミラーやサイドミラーも活用します。真後ろは目視で安全を確認します。
　そして、右側と左側から後方を確認しながら、歩くよりもゆっくりと後退します。けん引の試験車のシートベルトは 3 点式が多く、上体の動きの邪魔になりますのでシートベルトをはずし、運転席の窓から後ろを見る場合は、左手でハンドルの 12 時の位置を持ち、上体を右に向けて窓から顔を出して後ろを見ながら左手でハンドルを操作します。このとき右手はドアの上部やドアの内側の取っ手をつかみ上体を安定させます。左側から後ろを見るときは右手でハンドルの 12 時の位置を持ち、上体を左に向けて運転席の後ろのガラスに顔を近づけて後ろを見ながら右手でハンドルを操作します。このとき左手は運転席の左側のシートの背もたれの上部に乗せて上体を安定させます。運転席の後ろのガラスに顔を近づけて後ろを見るときはトラクタとトレ

ーラを連結しているフックが見えるくらいまでガラスに顔を近づけます。

　普通車や大型車の4輪車でまっすぐに後退するのはさほど難しくはありませんが、けん引車の場合は状況が異なります。ハンドルをまっすぐにしているだけでは決して5メートルもまっすぐに後退できません。トラクタとトレーラがどんなに一直線になっているように見えても必ずどちらかにほんの少し曲がっていますし、ハンドルをまっすぐに固定しても各部分の機械的な遊びや路面の状況によりどんどん折れ曲がっていきます。

　このため、トラクタとトレーラが一直線あるいは適当な角度に固定されるように、言い換えるとトレーラの操舵輪であるトラクタの後輪が適当な角度に固定されるように、常にハンドルで調節します。そうでないと、トラクタとトレーラに角度がついて折れてしまいます。右に左にと絶えずハンドルを小刻みに動かしていなければなりません。

　たとえば図3.18のように、トレーラが少し右に出っぱったときは同じ右側にハンドルを回します。すると、トラクタは左を向き、トラクタの後輪、つまりトレーラの操舵輪も左を向きます。したがって、そのまま後退すれば右に出っぱっていたトレーラ後端は左に

トレーラが右側に折れる

ハンドルを右に切って修正する

ハンドルを左に切ってトラクタをまっすぐに

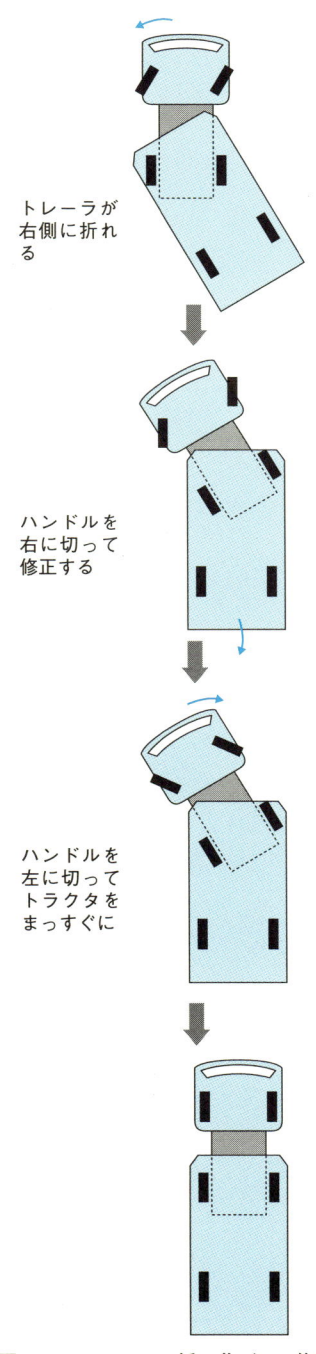

図3.18　トレーラの折れ曲がりの修正

向きます。次にハンドルを左に回し、左に向いているトラクタを右に戻します。トラクタを右に戻し終わり、トラクタとトレーラが一直線になる直前にハンドルを右に回してトラクタの前輪を直進状態にします。

　このとき、ハンドル調節は時計の50分ないし55分から5分ないし10分までの間、角度でいうと左右に30°から60°くらいまでで行います。そして、修正は少しずつ早めに行い、少しハンドルを回したら反応が出るまで待ちます。待てずに回しすぎたり、修正が遅くなるとふらつきが生じて蛇行します。つまり、早め早めに少しずつ修正しないと、全体の修正が多くなり後の仕事を増やすことになります。

　こうして2〜3時間練習すると、50メートルくらいまっすぐに後退できるようになります。なお、道路の縁石を見ながら後退する方法もありますが、縁石は天候や時刻、植え込みの状態などにより見え方が変わるため、道路全体やトレーラを見て、道路に平行かどうかを確認しながら後退します。なお、後退するときには、とくにギアを確実に入れ、坂道発進の要領で逆行（前進）しないように注意します。

28　後退車線変更（後退幅寄せ、運転姿勢、左右への車線変更）

＜後退で右へ車線変更（図3.19）＞

　まず、トラクタとトレーラを一直線にして停止させます。次に直線後退と同様の安全確認、ハンドルの持ち方、姿勢により、上体を右に向けて運転席の窓から顔を出して後ろを見ながら左手でハンドルを左へ半回転させて少し後退し、トラクタが少し右を向くのを待ちます。つまり、トレーラの操舵輪であるトラクタの後輪が右に向くのを待ちます。四輪車で言えば右にハンドルを回したのと同じになります。

　このままにしておくと、トラクタが曲がりすぎますので、今度はハンドルを右へ2回転回し、トラクタを左に向けていきます。トラクタとトレーラが

一直線になる少し前にハンドルを左へ1.5回転回し、ハンドルをまっすぐにします。このとき注意をしなければいけないのはハンドルを左へ1.5回転回してハンドルをまっすぐにしている途中でも、トラクタはまだ右に向いており、右から左に方向を変え続けているということです。ハンドルをまっすぐに戻したときにトラクタとトレーラが一直線になっている必要があります。

次にそのまま、まっすぐ斜めに後退します。このときには直線後退の要領で絶えずハンドルを調整してまっすぐに後退します。直線後退の要領で修正は少しずつ早めに行い、少しハンドルを回したら反応が出るまで待ちます。

次にトレーラの右後輪が入りたい車線の中央に入ったらハンドルを右に半回転させて少し後退し、トラクタが少し左を向くのを待ちます。つまり、トレーラの操舵輪であるトラクタの後輪が左に向くのを待ちます。四輪車で言えば、左にハンドルを回したのと同じになります。つまり、

①
②　ハンドルを左へ半回転させて後退する
③　トレーラが右へ曲がったらハンドルを右へ2回転させて後退する
④　ハンドルを左へ1.5回転させてまっすぐに後退する
⑤　ハンドルを右に半回転させて、トラクタが少し左に向くまで後退する
⑥　ハンドルを左へ2回転させて後退する
⑦　ハンドルを右へ1.5回転させてまっすぐにする

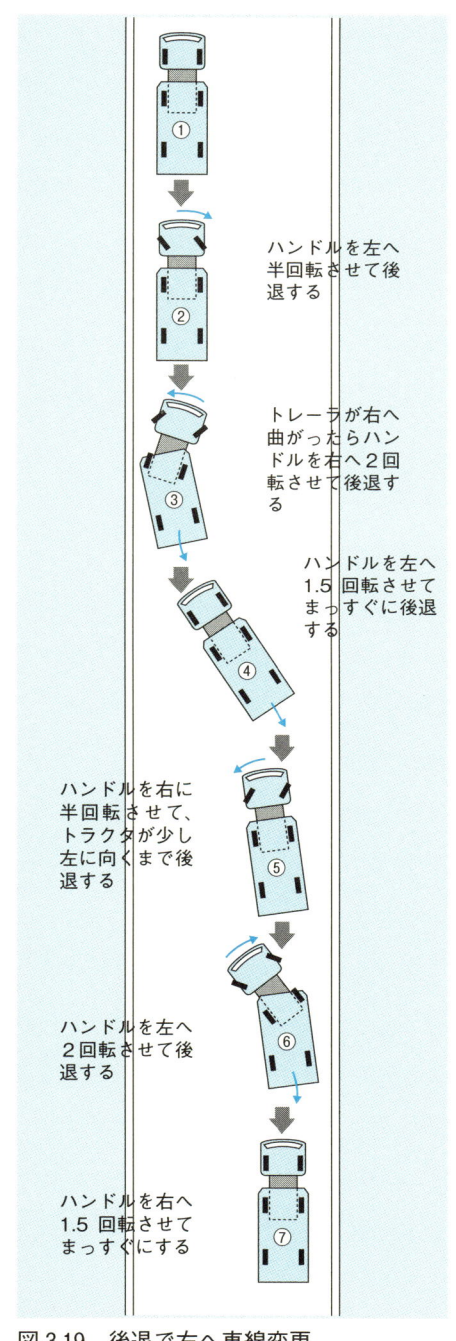

図3.19　後退で右へ車線変更

今度は逆の方向に車体全体を向けて道路と車体を平行にしようとしているのです。

　同様にこのままにしておくと、トラクタが曲がりすぎますので、今度はハンドルを左に2回転回し、トラクタを右に向けていきます。トラクタとトレーラが一直線になる少し前にハンドルを右へ1.5回転回し、ハンドルをまっすぐにします。このとき注意をしなければいけないのはハンドルを右へ1.5回転回してハンドルをまっすぐにしている途中でも、トラクタはまだ左に向いており、左から右に方向を変え続けているということです。トラクタとトレーラが一直線になる前に、ハンドルをまっすぐにし始めて、ハンドルをまっすぐに戻したときにトラクタとトレーラが一直線になっている必要があります。ここで、まだトラクタとトレーラが一直線になっていなかったり、道路に平行になっていないときは直線後退の要領で後退して修正します。

　進行方向が右後方のため、後方の確認は主として右側から行いますが、左側からも確認する必要があります。とくに、後ろのガラスに顔を近づけて、車体の向き・センターライン・トラクタとトレーラを連結しているフックの曲がりを見る必要があります。フックはトレーラの陰になり一部しか見えませんが、トラクタとトレーラが一直線になっているときに左右対称に見えるので、トラクタとトレーラが一直線になっていることの確認に使用します。後退方向変換のときには、トラクタとトレーラを一直線にしなければなりませんが、このときにフックで一直線を確認するのがもっとも確実です。

＜後退で左へ車線変更（図3.20）＞

　この場合も右と左が異なるだけで右への車線変更と同じです。ただし、右への車線変更と異なり、進行方向が左後方のため、後方の確認は主として運転席の後ろのガラスに顔を近づけて行いますが、右側からも確認する必要があります。

　後方確認を主に中央から行うので右への車線変更に慣れた後では、見える

感じが違い、少し戸惑うかもしれませんが、慣れると車体・センターライン・フックの曲がりを見やすいため、かえって運転しやすいとも言えます。

29 後退方向変換（難しい課題）

後退方向変換はけん引の課題のなかでも難しい課題です。文章で書くと以下のように非常に繁雑な操作に見えます。しかし、練習を積み、慣れて体で覚えれば楽にできるようになります。文章で表しているため複雑な感じがするだけです。

言ってみれば右足と左足、そして左手と右手、これらを交互に出して歩くことのように、文章で書くと難しくても、体で覚えれば何ということはないのと同様です。

＜右後ろに後退する方向変換（図3.21、図3.22、図3.23）＞

まず、図3.21のように右側の路側帯から70～80センチメートルあけてまっすぐに停止します。

ここで大事なのは十分に手前から右に寄り始めてトラクタとトレーラ

ハンドルを右へ半回転させて後退する

トレーラが左へ曲がったらハンドルを左へ2回転させて後退する

ハンドルを右へ1.5回転させてまっすぐに後退する

ハンドルを左に半回転させて、トラクタが少し右に向くまで後退する

ハンドルを右へ2回転させて後退する

ハンドルを左へ1.5回転させてまっすぐにする

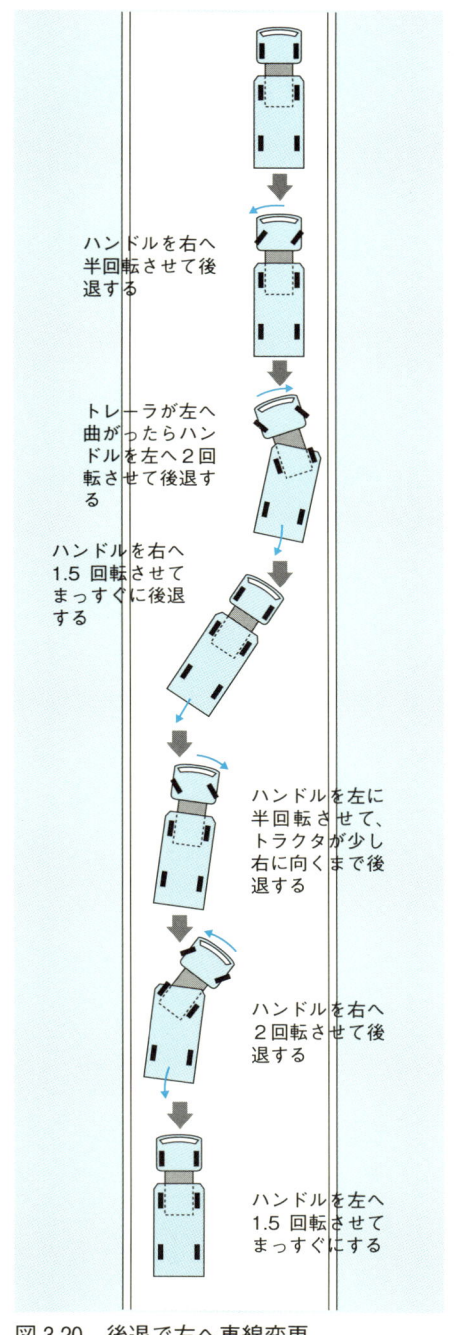

図3.20　後退で左へ車線変更

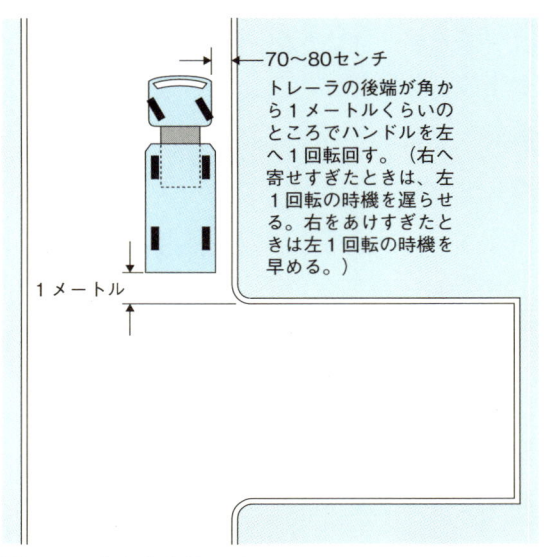

図 3.21　右方向変換　その 1

をしっかりとまっすぐにすることです。ここで少しでも曲がっていると後の操作が難しくなります。右に寄せるときの合図は不要ですが、このときに後退で車体を入れる場所を目視して場所の構造を頭に入れます。

　この目視は後退する場所に障害物がないかの確認のためにも必要で、目視しないと 10 点減点です。右に寄せる位置は右端に寄せすぎても、寄せなさすぎても、後が続かなくなります。寄せすぎればトラクタの右前輪が脱輪しやすくなり、寄せなさすぎはトラクタの左前輪がコースの左端から脱輪しやすくなります。

　次に、まっすぐに歩くより遅く、ゆっくりと後退しますが、後退のときは停止した後、ブレーキを踏んだままギアを後退に入れ、サイドブレーキをかけます。けん引の試験車のシートベルトは 3 点式が多く、上体の動きの邪魔になりますのでシートベルトをはずし、窓を開けて周囲の音を聞くとともに、窓から顔を出し、また、運転席の後ろのガラスに顔を近づけて後方の安全を確認します。

後方、周囲は目視だけではなく、ルームミラーやサイドミラーも活用します。真後ろは目視で安全を確認します。後方を目視しなかったり、後退中に側方や前方を目視しないと 10 点減点です。また、ルームミラーで後方確認をまったくしないと 20 点減点となります。

　主に左手でハンドルの 12 時の位置を持ち、上体を右に向けて窓から顔を出して後方を見ながら左手でハンドルを操作します。このとき右手はドアの上部やドアの内側の取っ手をつかみ上体を安定させます。そして、ゆっくりと半クラッチで後退します。ときどき右手でハンドルの 12 時の位置を持ち、上体を左に向けて運転席の後ろのガラスに顔を近づけて後ろを見ながら右手でハンドルを操作します。このとき左手は運転席の左側のシートの背もたれの上部に乗せて上体を安定させます。

　運転席の後ろのガラスに顔を近づけて後ろを見るときはトラクタとトレーラを連結しているフックが見えるくらいまでガラスに顔を近づけます。安全確認は右側だけでなく、左側についても十分に行います。

　ここで少し曲がってしまったら、あわてずに直線後退の要領でトラクタとトレーラをまっすぐに戻します。そして、図 3.21 のようにトレーラの後端がコースの角の 1 メートルくらい手前にさしかかったら、ハンドルをゆっくりと左へ 1 回転回します。普通の四輪車と反対に回しますので、最初は間違えやすいのですが、すぐに慣れてきます。初めに右へ寄せすぎたときは左へ 1 回転回し始める時期を少し遅らせます。これは右に寄りすぎた状態では右後ろへの後退を遅くしないと、トレーラの右後輪が脱輪するからです。逆に、初めに右をあけすぎたときは左へ 1 回転回し始める時期を少し早めます。ここでハンドルを一気に 1 回転以上回してしまうと、曲げすぎとなり、トラクタの右前輪が脱輪します。

　やがて、図 3.22 のようにコースの角の頂点付近にトレーラの後輪がさしかかるころになるとまっすぐのときに 0° だったトラクタとトレーラの角度

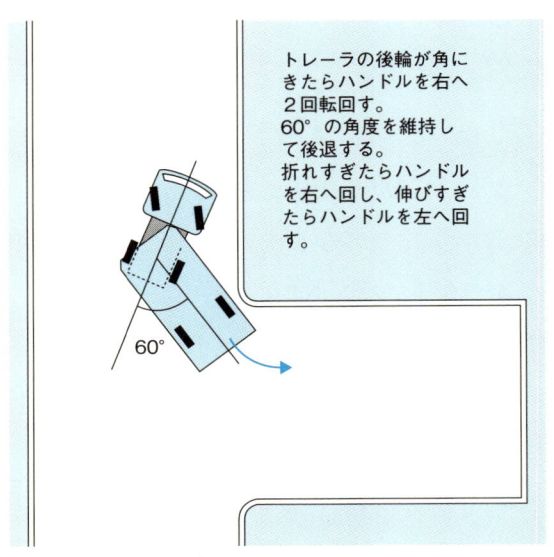

図3.22 右方向変換 その2

(図中テキスト)
トレーラの後輪が角にきたらハンドルを右へ2回転回す。
60°の角度を維持して後退する。
折れすぎたらハンドルを右へ回し、伸びすぎたらハンドルを左へ回す。

が60°くらいになります。トレーラがまっすぐな状態ではトレーラの後輪が見えにくい車両もありますので、乗車前に後輪の位置を覚えておきます。60°というのは時計の文字盤で言えば2時間分ですから、トラクタを12時の方向とし、まっすぐな状態のトレーラの方向を6時とすればトレーラが4時の方向になったときが60°になります。4時の方向より自分のほうにトレーラが来て曲げすぎにならないように、ハンドルを右へ2回転回します。

　ここで、左に1回転回していたハンドルを右へ2回転回すと、中立の位置から右へ1回転回したことになり、右にどんどん曲がっていったトラクタは今度は左に曲がろうとします。しかし、すでにトラクタとトレーラは60°に曲がっているので、トレーラの操舵輪であるトラクタの後輪は60°右を向いています。このため、トレーラは折れ曲がろうとします。つまり、トラクタはトラクタとトレーラをまっすぐにしようとし、トレーラはトラクタとトレーラを曲げようとして、ちょうど釣り合うのが、ハンドルを右に1回転させた付近となります。

①トレーラが方向変換の場所に1/2くらい入ったら、ハンドルを右いっぱいに回して、トラクタとトレーラをまっすぐにする。
②トレーラ後部が右に出っぱっていたら右にハンドルを回し、トレーラがまっすぐになる前に左に回しトラクタをもどす。
③トラクタとトレーラが一直線になる直前にハンドルを右へもどしまっすぐにする。左に出っぱっていたら、逆の操作をする。

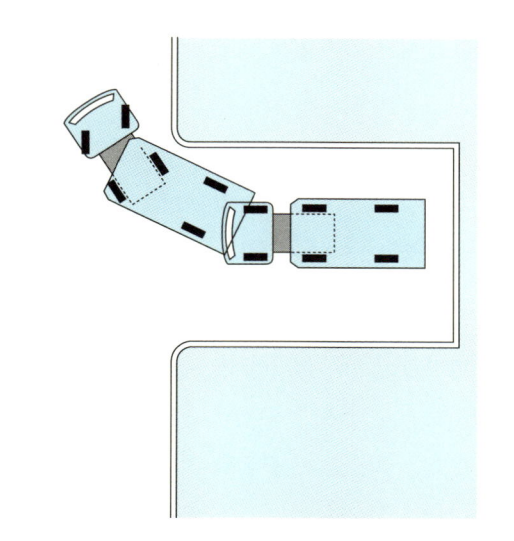

図3.23　右方向変換　その3

　このまま、60°の曲げを固めたまま、方向変換場所に後退します。ただし、ハンドルを固定していても、トラクタとトレーラとの折れ曲がり角度は増えたり、減ったりしますので、60°の曲げ角度を維持するためにハンドルで調整します。調整はトラクタとトレーラが折れすぎてきたら右に回し、伸びすぎてきたら左に回して行います。

　このときトレーラの右後輪を目視して、縁石に乗り上げそうになったら右へハンドルを回して、トレーラを伸ばし、後輪の位置をずらして、改めて左にハンドルを回してトレーラを曲げます。

　図3.23のようにトレーラが方向変換場所の中に半分くらい入ったら、今度はハンドルを右にいっぱい回して、トラクタを左に向けてトラクタとトレーラの折れ角度を0°にして、トラクタとトレーラをまっすぐにするとともに、できるだけ車体全体が方向変換場所の中にまっすぐに入るようにします。ハンドルを右にいっぱい回す時期として、トレーラが方向変換場所の中に半分くらい入ったらとしていますが、あくまでこれは目安で最終的にはトレーラ

と方向変換場所の角度で判断します。

　なお、ここでは、最後に大きく右にハンドルを回して最終位置に持っていくやり方を説明しましたが、少し慣れてきたら、途中で適宜ハンドルを右に回し、トラクタとトレーラを伸ばしぎみにして、必要に応じて左にハンドルを回して折りまげる方法もあります。けん引車はトラクタとトレーラが折れすぎると、収拾がつかなくなりますが、折るのはいつでもできます。くれぐれも折りすぎに注意が必要です。

　最後に、ハンドルを中立にして停止し、試験官に方向変換の完了を告げます。なお、後退中の安全確認は右側だけでなく、左側についても十分に行います。以上の説明では、ハンドルを回すタイミングと回転数の関係に重点を置いていますが、これだけでは不十分です。大事なのは車体の動きを見ることで、ハンドルを回した結果としての車体の動きに合わせて適宜修正できる実力が要求されます。これらのためには直線後退や後退幅寄せの実力が必要となります。

＜左後ろに後退する方向変換（図 3.24、図 3.25、図 3.26）＞

　左後ろに後退する方向変換は、右後ろに後退する方向変換に比べると、左の路側帯が見えにくいため少し難しいかもしれません。しかし、その代わりに主として運転席の後ろのガラス窓からトレーラ全体を見て後退しますので、慣れてくればかえってやりやすいでしょう。そして、基本的に左右を入れ替えただけですが、運転席が右端にあるためにずいぶんと違った感じがしますので注意してください。

　初めに図 3.24 のように左の路側帯から 70〜80 センチメートルあけてまっすぐに停止します。ここでも大事なのは十分に手前から左に寄り始めてトラクタとトレーラをしっかりとまっすぐにすることです。ここで少しでも曲がっていると後の操作が難しくなります。左に寄せるときの合図は不要ですが、このときに後退で車体を入れる場所を目視して場所の構造を頭に入れます。

運転席から見てトレーラの半分くらいのところが角と一致して見えたらハンドルを右へ1回点回す。
（左へ寄せすぎたときは、右1回転の時機を遅らせる。左をあけすぎたときは、右1回転の時機を早める。）

70〜80センチ

1メートル

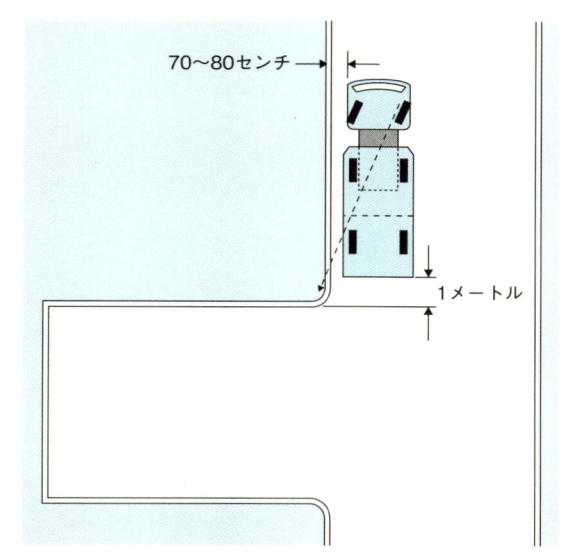

図 3.24　左方向変換　その 1

　この目視は後退する場所に障害物がないかの確認のためにも必要で、目視しないと 10 点減点です。左に寄せる位置は左端に寄せすぎても、寄せなさすぎても、後が続かなくなるので、端への寄せすぎ、寄せなさすぎに注意します。

　次に、まっすぐに歩くより遅く、ゆっくりと後退しますが、後退のときは停止した後、ブレーキを踏んだままギアを後退に入れ、サイドブレーキをかけます。けん引の試験車のシートベルトは 3 点式が多く、上体の動きの邪魔になりますのでシートベルトをはずし、窓を開けて周囲の音を聞くとともに、窓から顔を出し、また、運転席の後ろのガラスに顔を近づけて後方の安全を確認します。

　後方、周囲は目視だけではなく、ルームミラーやサイドミラーも活用します。真後ろは目視で安全を確認します。後方を目視しなかったり、後退中に側方や前方を目視しないと 10 点減点です。また、ルームミラーで後方確認をまったくしないと 20 点減点となります。

左後ろに後退する方向変換の場合には、主に右手でハンドルの12時の位置を持ち、上体を左に向けて運転席の後ろのガラスに顔を近づけて後方を見ながら右手でハンドルを操作します。このとき、左手は運転席の左側のシートの背もたれの上部に乗せて上体を安定させます。運転席の後ろのガラスに顔を近づけて後ろを見るときはトラクタとトレーラを連結しているフックが見えるくらいまでガラスに顔を近づけます。安全確認は左側だけでなく、右側についても十分に行います。

　ここで少し曲がってしまったら、あわてずに直線後退の要領でトラクタとトレーラをまっすぐに戻します。そして、図3.24のように運転席から見てトレーラの半分くらいの所がコースの角の頂点付近と一致して見えたら、ゆっくりとハンドルを右に1回転回し始めます。この位置が右後ろに後退する方向変換の場合にハンドルを回し始めるのと同じ、トレーラの後端がコースの角の1メートルくらい手前にさしかかった位置になります。

　初めに左へ寄せすぎたときは右に1回転回し始める時期をトレーラの半分くらいの所がコースの角の頂点付近と一致して見えたときよりも少し遅らせます。これは左に寄りすぎた状態では左後ろへの後退を遅くしないとトレーラの左後輪が脱輪するからです。逆に、初めに左をあけすぎたときは右へ1回転回し始める時期を少し早めます。ここでもハンドルを一気に1回転以上回してしまうと、曲げすぎとなり、トラクタの左前輪が脱輪します。

　やがて、図3.25のようにコースの角の頂点付近にトレーラの後輪がさしかかるころになると、まっすぐのときに0°だったトラクタとトレーラの角度が60°くらい、8時の方向になります。目安としては左に伸ばした自分の腕よりもトレーラを曲げないようにします。

　なお、トレーラの左の後輪は見えませんので乗車前に後輪の位置を覚えておきます。8時の方向より自分のほうにトレーラが来て曲げすぎにならないようにハンドルを左へ2回転回します。ここで、ハンドルは中立の位置か

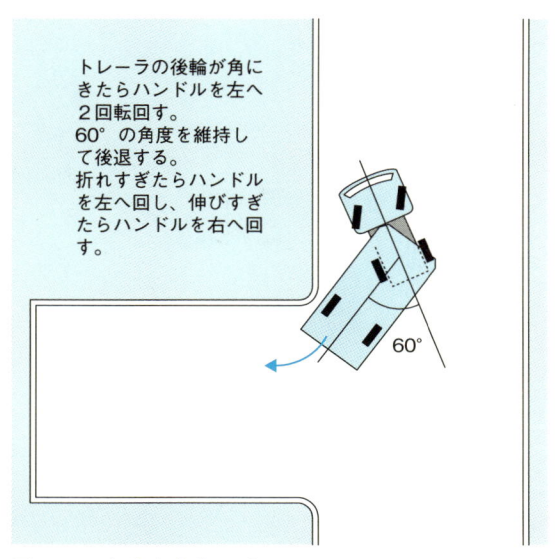

図3.25 左方向変換 その2

ら左へ1回転回したことになり、左にどんどん曲がっていったトラクタは今度は右に曲がろうとします。

　しかし、すでにトラクタとトレーラは60°に曲がっているので、トレーラの操舵輪であるトラクタの後輪は60°左を向いています。このため、トレーラは折れ曲がろうとします。つまり、トラクタはトラクタとトレーラをまっすぐにしようとし、トレーラはトラクタとトレーラを曲げようとして、ちょうど釣り合うのが、ハンドルを左に1回転させた付近となります。

　このまま、60°の曲げを固めたまま、方向変換場所に後退します。ただし、ハンドルを固定していても、トラクタとトレーラとの折れ曲がり角度は増えたり、減ったりしますので、60°の曲げ角度を維持するためにハンドルで調整します。調整はトラクタとトレーラが折れすぎてきたら左に回し、伸びすぎてきたら右に回して行います。このときトレーラの左後輪を左のサイドミラーで見て、縁石に乗り上げそうになったら左へハンドルを回して、トレーラを伸ばし、後輪の位置をずらして改めて右にハンドルを回してトレーラを曲げます。

①トレーラが方向変換の場所に1/2くらい入ったら、ハンドルを左いっぱいに回してトラクタとトレーラをまっすぐにする。
②トレーラ後部が右に出っぱっていたら右にハンドルを回し、トレーラがまっすぐになる前に左に回しトラクタをもどす。
③トラクタとトレーラが一直線になる直前に、ハンドルを右へもどしまっすぐにする。左に出っぱっていたら逆の操作をする。

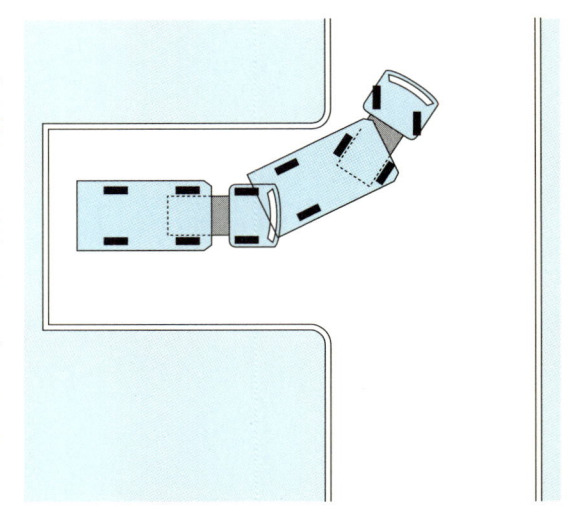

図 3.26　左方向変換　その3

　図3.26のようにトレーラが方向変換場所の中に半分くらい入ったら、今度はハンドルを左にいっぱい回して、トラクタを右に向けてトラクタとトレーラの折れ角度を0°にしてトラクタとトレーラをまっすぐにするとともに、できるだけ車体全体が方向変換場所の中にまっすぐに入るようにします。ハンドルを左にいっぱい回す時期として、トレーラが方向変換場所の中に半分くらい入ったらとしていますが、あくまでこれは目安で最終的にはトレーラと方向変換場所の角度で判断します。

　なお、ここでは、最後に大きく左にハンドルを回して最終位置に持っていくやり方を説明しましたが、少し慣れてきたら、途中で適宜ハンドルを左に回し、トラクタとトレーラを伸ばしぎみにして、必要に応じて右にハンドルを回して折りまげる方法もあります。けん引車はトラクタとトレーラが折れすぎると、収拾がつかなくなりますが、折るのはいつでもできます。くれぐれも折りすぎに注意が必要です。

　最後にハンドルを中立にして停止し、試験官に方向変換の完了を告げます。
　なお、後退中の安全確認は左側だけでなく、右側についても十分に行いま

す。以上の説明では、ハンドルを回すタイミングと回転数の関係に重点を置いていますが、これだけでは不十分です。大事なのは車体の動きを見ることで、ハンドルを回した結果としての車体の動きに合わせて適宜修正できる実力が要求されます。これらのためには直線後退や後退幅寄せの実力が必要となります。

30　トラクタとトレーラの一直線の確認方法（フックで確認）

　技能試験では方向変換場所の中にまっすぐに入ることは要求されません。車庫入れではなく方向変換なので、曲がって入っても構いません。しかし、トラクタとトレーラを一直線にすることが要求されます。このときに、サイドミラーで確認する人が多いのですが、必ず両側のサイドミラーで確認します。片側だけだと判断が難しくなります。また、頭の位置を車体の中央に持っていって確認するとわかりやすくなります。

　しかし、慣れない車両と慣れないコースでサイドミラーだけで車体が一直線になっているかを判断するのは困難です。このようなときには運転席の後ろのガラスを通してフックの状態を見て判断します。フックの状態がどういうときにまっすぐかは乗車したときに見ておきます。

　トラクタが右に曲がっている場合には右にハンドルを回して後退し、まっすぐになる直前にハンドルを左に回して中立にして停止します。

　トラクタが左に曲がっている場合には左にハンドルを回して後退し、まっすぐになる直前にハンドルを右に回して中立にして停止します。

31　方向変換に失敗したときの切返し方法（トラクタとトレーラをまっすぐに）

　以上のようにして1回で方向変換できるようになるまで練習します。練習で10回中10回成功しなければ、本番の試験で1回で成功することはないでしょう。万一、失敗した場合に備えて、1回で入れる練習だけではなく、ト

ラクタとトレーラが折れ曲がりすぎたときや、伸びすぎて失敗したときのために、切返しして方向変換する練習が必要です。

　切返しは1回目までは減点はありませんので、落ち着いて、あきらめないことです。ただし、この切返しは2回目からは1回目にさかのぼって5点減点され、3回までで方向変換が完了しないと試験中止となります。

　切返しのときに一度、元の位置にまで戻ってやり直す人が多くいますが、これはかえって成功率が低くなります。なぜならば、まず、最初の状態として、十分に手前から右や左に寄り始めてトラクタとトレーラをしっかりとまっすぐにして、路側帯から70〜80センチメートルあけてまっすぐに停止する必要があるのに、短い距離でこの状態にしなければならないからです。この場合には、トラクタとトレーラが曲がった状態から後退し始めますので、ますます曲がってしまったり、思った通りの位置で60°の曲げ角度にならなかったりして、また、やり直すということの繰り返しとなります。

　切返しのやり方としては、右後ろに後退する方向変換でトラクタとトレーラを曲げすぎて図3.27の左の図のようになったときは、右にいっぱいにハンドルを回して、後退できるだけ後退して、次に、ハンドルをそのまま右いっぱいに回したまま前進して、ハンドルを中立に戻して、トレーラの曲げを伸ばして停止して、やり直します。コースをいっぱいに使っても姿勢を直し切れずに車体全体が左を向いていても、ともかく、トラクタとトレーラをまっすぐにして、直線後退しながら、後退幅寄せの要領で、ハンドルを右に回して後退して、右に出っぱっているトレーラを引っ込めます。

　逆に、トラクタとトレーラが伸びすぎて、図3.27の右の図のようになったときは、左にいっぱいにハンドルを回して、後退できるだけ後退して、次に、ハンドルを左いっぱいに回したまま前進して、ハンドルを中立に戻して、トレーラの曲げを伸ばして停止して、やり直します。ここでも、車体が全体に右を向いていても、ともかく、トラクタとトレーラをまっすぐにして、直

そのまま前進してトラクタとトレーラの曲げを伸ばし後退しなおす。

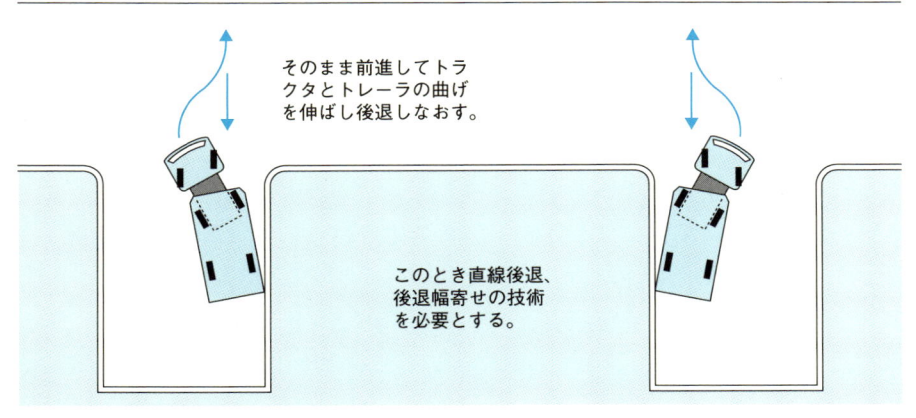

このとき直線後退、後退幅寄せの技術を必要とする。

図3.27 切り返しの方法

線後退しながら、後退幅寄せの要領で、ハンドルを左に回して後退して左に出っぱっているトレーラを引っ込めます。

　これらの切り返しの際に前進したり、後退するときにはすべて発進や後退の安全確認が必要となりますので、しっかりとサイドブレーキをかけ、後退の場合には窓から顔を出して安全確認することが必要です。

　このように失敗しても、うまく1回の切返しで方向変換できれば減点はありませんし、このような切返しの方法を身につけていれば余裕が生まれて方向変換も1回でできるようになります。

32　その他の後退方向変換の方法（前進で曲げを作る）

　「29　後退方向変換」では、方向変換場所にトレーラを入れるためのトラクタとトレーラの曲げを後退して作りましたが、図3.22や図3.25のような必要な曲げを前進で方向変換場所に入り込むように寄せて通り過ぎることで作って、後退して方向変換場所にトレーラを入れる方法もあります。

　ただし、この時、図3.22の場合は、ハンドルを右に回した状態から後退を始めます。図3.25の場合は、ハンドルを左に回した状態から後退を始めます。

III 技能試験の個々の課題のチェック

　ここで、技能試験の個々の課題をチェックしてみましょう。どのように操作したり、運転すればよいかを思い出してみてください。それらがはっきりと思い出せて、確実に操作や運転ができるようになるまで繰り返し練習しましょう。わからなくなったら、それぞれのページで確認しましょう。

技能試験の個々の課題のチェック表

項目	ページ	操作・運転の方法チェック欄
乗車	39	
降車	40	
窓閉め、ドアロック	41	
シート・ミラーの調整	41	
シートベルト・ワイパーの使用	41	
速度計の目盛りの確認、フックの見え方の確認	41	
ハンドルの持ち方、回し方	44	
エンジン始動	45	
発進時の安全確認と発進	46	
2速発進	47	
停車	47	
エンジン停止	48	
ギアチェンジ	49	
加速	50	
減速	51	
徐行	52	
一時停止	53	
合図・進路変更	54	
右折	55	
左折	58	
右折、左折の連続	62	
周回道路・幹線道路での直進	63	
指示速度での走行	64	
路側帯・センターラインとの距離	64	
カーブの走行	66	
障害物回避	68	
S字（曲線）コースへの進入	68	
S字（曲線）コースの通過	70	
S字（曲線）コースからの離脱	71	
踏切の通過	72	
直線後退	73	
後退車線変更	76	
後退方向変換　　右後ろに後退する方向変換 　　　　　　　　左後ろに後退する方向変換	79 84	
トラクタとトレーラの一直線の確認方法	89	
方向変換に失敗したときの切返し方法	89	
その他の後退方向変換の方法	91	

第4章
けん引免許 技能試験ガイド

I 技能試験コースガイド

1 コース図を自分で作る

　技能試験コースはおよそ 1,200 メートルで、図 4.1（図 2.2 と同一）のようなコース図で示されます。このコースは何種類かあり、日によって、あるいは、午前と午後によって変わります。コース図は試験場に掲示してあったり、試験場の売店で購入することができる場合が多いでしょう。しかし、図 4.1 のコース図では大まかな道順はわかっても、実際のコースを見てみないと、具体的にどこでどう進路を変えて、どこで徐行すればよいかなどの運転の仕方がわかりません。

　そこで、図 4.2（96、97 頁）のように、どこで何をするか、どう走るかをわかりやすくまとめたコース図を自分で作る必要があります。もちろん、こ

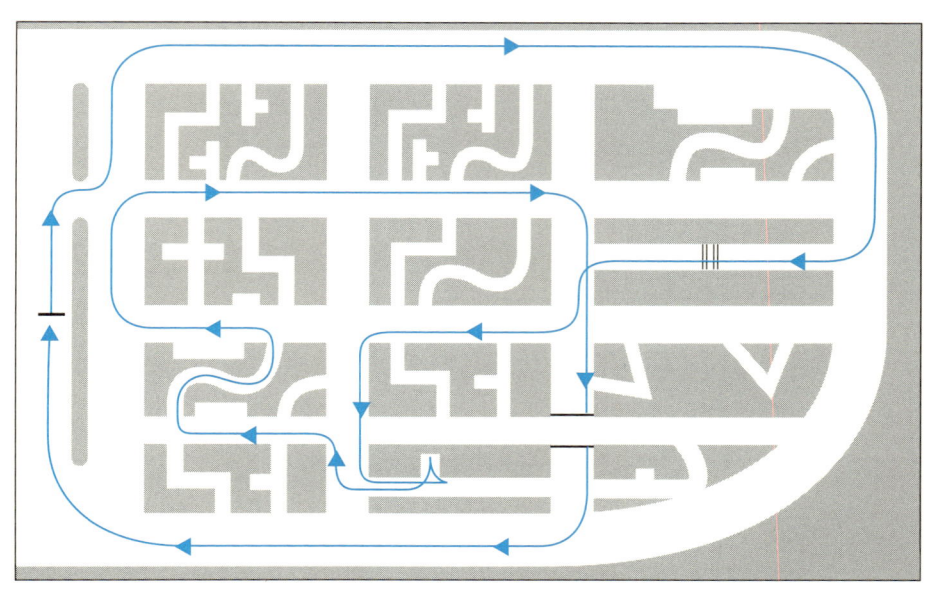

図 4.1　技能試験コースの例

のようなコース図がなくても、実際にコースに出ればどう走ればよいかはわかるはずですが、慣れないコースでの試験ですから、このような十分な準備が必要になります。図 4.2 にはそれぞれの場所で行うべき操作、走り方を示してあります。

　なお、減点されるところで気づきにくいのは、以下のような点です。これらには、とくに注意が必要です。

・一旦停止する踏切前後の短区間の加速不良
・右左折でのセンターライン踏み
・方向変換などのときの後退時の逆行（前進）

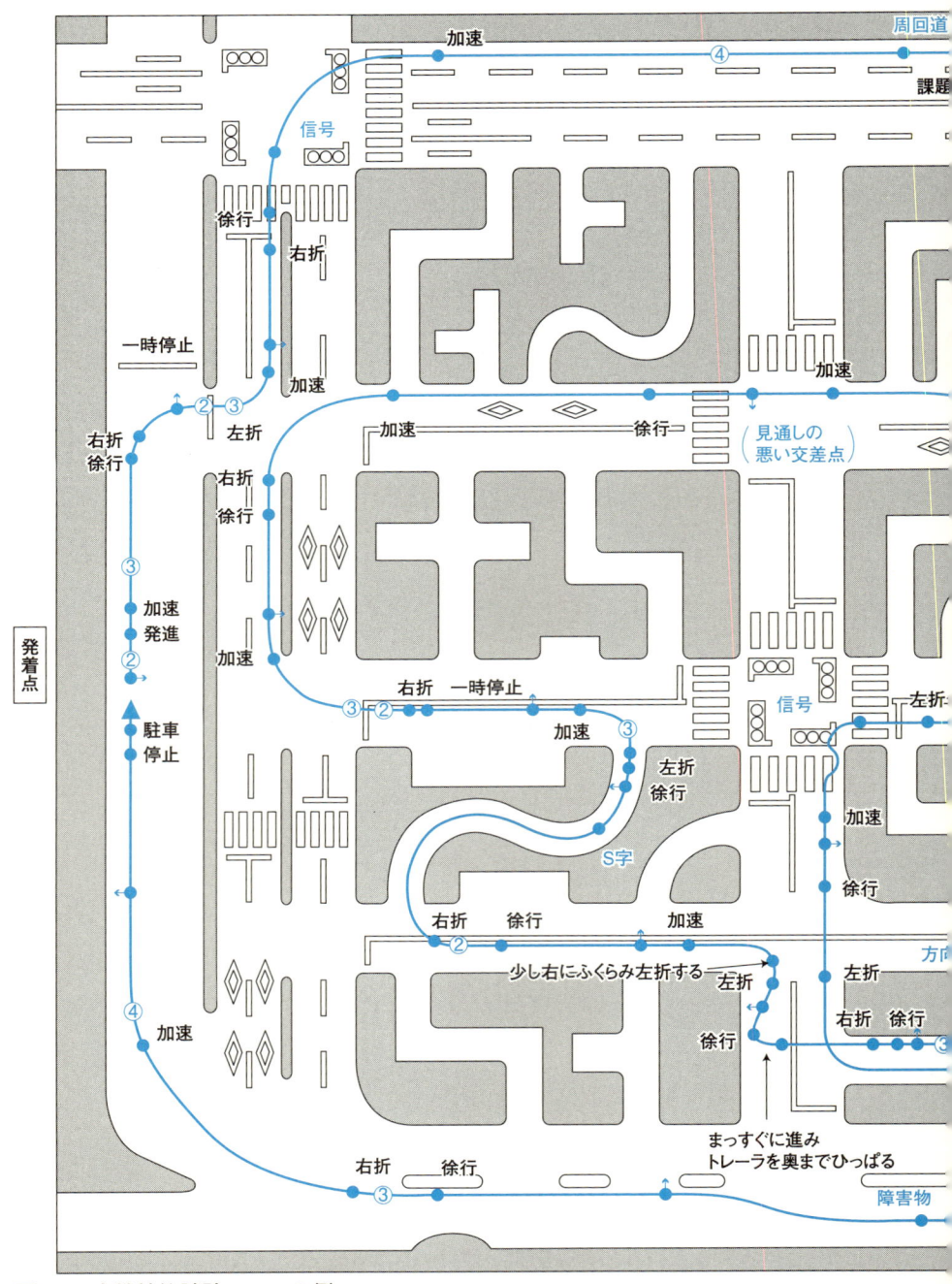

図 4.2 実戦技能試験コースの例

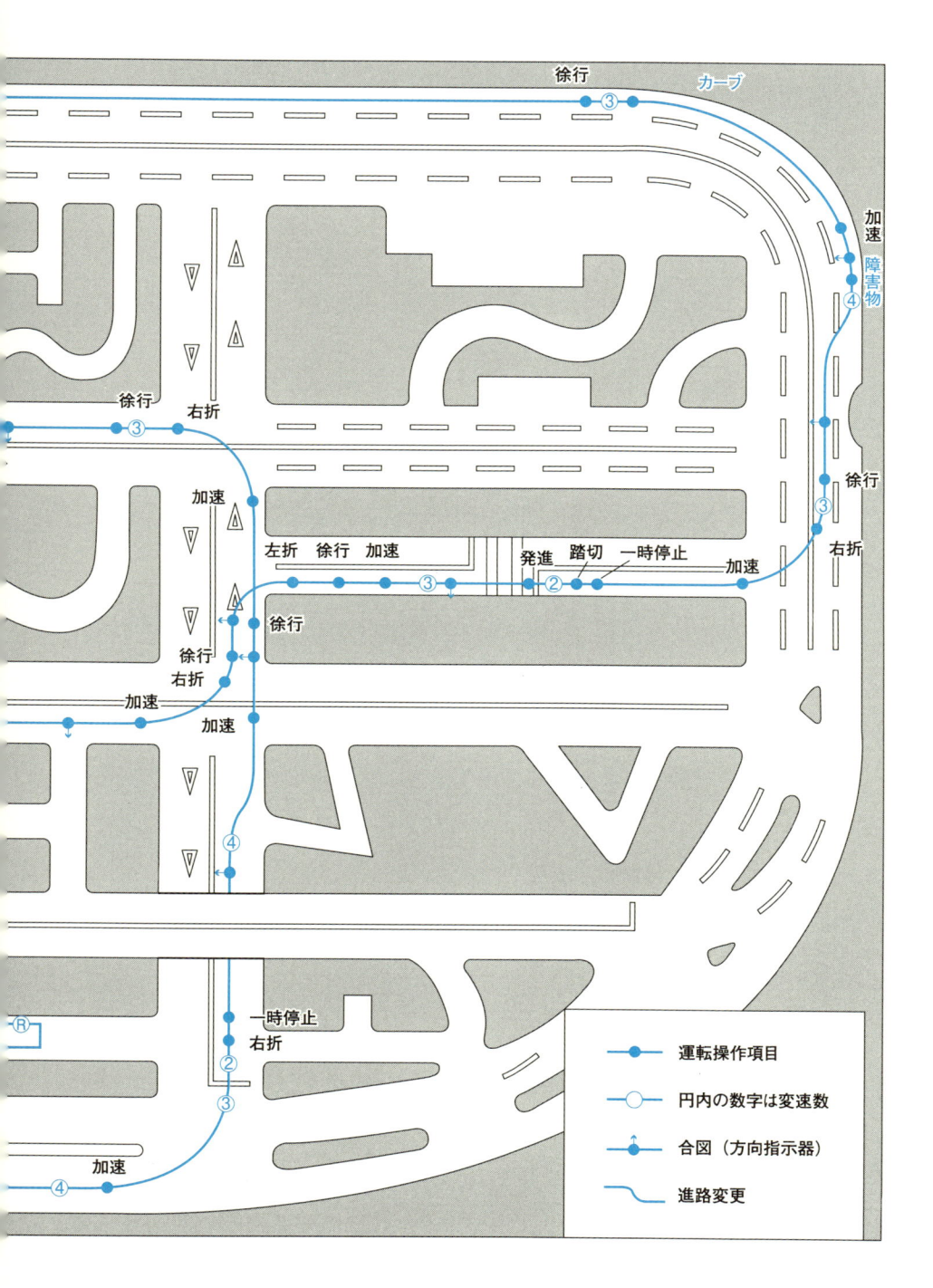

徐行 カーブ
加速
障害物
徐行 右折
加速
徐行
右折
加速
左折 徐行 加速 発進 踏切 一時停止 加速
徐行
右折
加速
一時停止
右折
加速

- ●— 運転操作項目
- ○ 円内の数字は変速数
- ●↑ 合図（方向指示器）
- ⌒ 進路変更

97

2 技能試験の実施基準（試験場により取扱いが異なる場合があります）

⑴採点
　採点は乗車するときから、降車するときまでのすべてにおいて減点法によって行われます。減点は、5点、10点、20点の3種類で、どこが減点されるかは、101ページ以降の「減点一覧」でチェックしましょう。合格基準は第一種免許は70点以上、第二種免許は80点以上です。

⑵安全確認
　安全確認は、原則として直接目で確認しますが、ミラー類も併用します。

⑶試験コース
　試験コースは、すべて車道とみなされます。

⑷走行速度
　周回道路、幹線道路とも、指定区間では試験官から指示された速度で走行します。

⑸エンジンブレーキ
　停止するときや坂を下るときに使用するエンジンブレーキは、速度が時速25キロメートル以下になるまできかせます。時速25キロメートル以上でクラッチを切り、惰力運転をしてはいけません。

⑹脱輪のとき
　縁石に乗り上げてしまったとき（この場合、減点されます）は、ただちに停止して乗り上げる前の地点まで戻って、やり直します。

⑺左折時の安全確認
　左折するときは、巻き込み防止のため直接目で確認するか、ミラー類で安全を確認します。

⑻障害物の側方通過
　試験コースにある障害物（コーン、ポールなど）は、車や建物とみなし、

運転します。

(9) 短距離区間での右折

　右折または左折したあと、続いて次の交差点を右折する場合で、その交差点までの距離がおよそ50メートル以下のときは、第二通行帯または中央線寄りを走行することができます（試験場により取扱いが異なる場合があるようです）。

(10) ポンピングブレーキの使用

　徐行または停止する場合で余裕のあるときは、ブレーキの断続操作（ポンピングブレーキ）をします。

(11) 駐車措置

　走行を終わって駐車するときは、車体を停止目標物（ポール）に合わせて停止させたあと、エンジンを止めます。降車するときはサイドブレーキを引き、ギアを1速または後退に入れます。

(12) 走行順路の間違い

　試験コース走行順路については、極力覚えておくようにしますが、走行中に試験官も教えてくれます。わからないときは早めに聞くようにしましょう。走行順路の間違いは、減点になりません。最も近い周回道路に前進で戻りますが、この間も減点の対象となります。

(13) 方向変換

　方向変換はコースの凹部に後退で入ります。方向変換コースにおいて後退を完了したときは、トラクタとトレーラを一直線にして停止させたあと、試験官に方向変換完了を告げます。

　方向変換の切返しは3回以内で行います。

3 試験課題設定基準

課題		免許の種類　けん引第一種および第二種	備考
幹線コースおよび周回コースの走行	指定速度による走行	1回以上 2回以下	
	周回カーブ	1回以上	
	指定場所における一時停止	2回以上	
交差点の通行	右折および左折	それぞれ2回以上	
	信号通過	1回以上	
横断歩道の通過		2回以上	
踏切の通過		1回以上	
曲線コースの通過		1回（大）	S字コースで、幅4メートル
方向変換		1回（大）	幅5メートル
障害物設置場所の通過		1回以上	
走行距離		約1,200メートル	

Ⅱ 試験コースの走り方と減点一覧（何をすると減点されるか）

　減点される項目と減点数を示します。減点数が○で囲われている減点項目は１回のミスでは減点されませんが、２回以上ミスすると１回目にさかのぼって減点される特別減点項目です。危険行為はその場で試験中止となります。減点数は変更になることがあるので注意してください。

1　発進

　車に乗る前に周囲の安全を確かめ、乗車したらシートの位置やルームミラーの調整を行います。発進するときは、右の合図を出し、ルームミラー、サイドミラーと自分の目で周囲、とくに右横や右後方の安全を確かめます。

減点細目	適用事項	減点数
安全措置不適	1．運転者側のドアを完全に閉めなかった場合 2．ドアロック（施錠）しなかった場合 3．シートベルトを着用しなかった場合 4．ルームミラーが合っていることを確認しなかった場合 5．その他、安全措置として必要と認められる行為をしなかった場合	5
運転姿勢不良	1．ハンドルに正対していない場合 2．シートの調節が適切でない場合 3．ハンドルの操作のたびに上体を著しく横に傾けた場合 4．ハンドルの保持位置が適切でない場合 5．その他、正しくない運転姿勢と認められた場合	5
合図不履行等	発進する場合に右側の方向指示器を操作しない場合	5
安全不確認	発進する直前に周囲の安全を目で確かめない場合	10

エンスト	アクセルとクラッチ操作不良のため、エンジンの回転が止まった場合	⑤
アクセルむら	1．発進直後、または低速走行中に、試験官の上体が前後に揺り動かされる状態になった場合 2．エンジンを必要以上（おおむね3,000回転）に空転させた場合	⑤
発進手間どり	発進時機の判断不良、または操作不良のため、おおむね5秒以内に、発進しなかった場合	⑩
発進不能	同一場所でエンストを4回行った場合、または他の交通に支障を及ぼすおそれがある場合	危険行為

2　加速

2速でスタートし、できるだけ早く3速にチェンジして、スピードを上げます。幹線コースや周回コースでスピードの出せるところでは4速（コースによっては5速）を使います。

減点細目	適用事項	減点数
加速不良 （課題外）	アクセルペダルの踏み不足、または踏み遅れたため道路（コース）および交通の状況に適した速度にするのが遅い場合	⑩

3　一時停止

停止線からはみ出さないようにブレーキ操作を行い、停止したら安全確認をします。このとき停止した場所では安全確認ができにくいときは、確認できるところまで徐行してください。

一時停止後の発進のときには発進の安全確認も必要です。

減点細目	適用事項	減点数
指定場所不停止	道路標識等により一時停止が指定されているとき、停止線（停止線のない場合は交差点）の手前で停止しなかった場合	危険行為

4 進路変更

　右または左に進路変更するときは進路変更の合図をする前に、後方、右後方または左後方の安全を確認し、進路変更する3秒前に合図を出し、もう一度右後方または左後方の安全を確認しながら、ゆっくりとハンドルを回します。

減点細目	適用事項	減点数
安全不確認	進路を変えようとする場合（転回を含む）に、変えようとする側の後方を直接目で確かめるか、あるいはミラーによる安全確認をしない場合	10
合図不履行	1．進路変更の合図をまったくしない場合 2．進路を変えようとする3秒前に合図をしない場合 3．進路変更が終わるまで合図を継続しない場合 4．進路変更が終わっても合図をやめない場合	10
進路変更違反（交差点変更）	交差点（道路外へ出る場合を含む）で右折しようとした次の場合 1．進路変更をまったくしない場合 2．進路を変え終わったのが、交差点の手前または右折しようとして道路の中央に寄っている車両からおおむね30メートル未満の場合 3．進路を変えたが、道路の中央からおおむね0.5メートル以上離れている場合（一方通行路では、道路の右端からおおむね1メートル以上離れている場合）	10
進路変更禁止違反	1．みだりに進路を変えた場合 2．進路変更禁止の場所で、その道路標示を越えて進路を変え、または変えようとした場合	20

後車妨害	1．後方から進行してくる車両等の速度または方向を急に変更させることとなるおそれがある場合に、進路を変え、もしくは変えようとした場合 2．進路を変えることができるにもかかわらず、その時機を失い、後方から進行してくる車両等の通行の妨害となり、また妨害となるおそれがある場合	危険行為

5　交差点の通過

　信号機のある交差点では、その手前から信号の変化に注意し、止まる場合でも急ブレーキにならないようにします。交差点内では交差点の状況に応じた安全な速度で進行します。

減点細目	適用事項	減点数
安全進行違反	1．交差点に入ろうとし、もしくは交差点内を直進する場合に、交差点の状況に応じ、できる限り安全な速度と方法で進行しない場合 2．黄信号になる前に交差点を通過しようとして、交差点の手前から速度を増した場合	10
信号無視	1．赤信号（赤の点滅を含む）が表示された場合に法令に定められた停止位置を車体の一部が越え、または越えようとした場合 2．黄信号が表示された場合に安全に停止できるにもかかわらず、法令に定められた停止位置を車体の一部が越え、または越えようとした場合	危険行為

　見通しのきかない交差点では、交差点の手前で徐行し、交差道路の交通に注意します。交差道路が優先道路（交差点の中までセンターラインが連続している道路）の場合には、徐行または一時停止をして交差道路の通行を妨げないようにします。

減点細目	適用事項	減点数
徐行違反	徐行すべき場所（場合）で徐行せず、または、徐行しようとしない次の場合 1．右折または左折するとき（道路外へ出るときを含む） 2．交通整理の行われていない優先道路に入ろうとするとき 3．交通整理の行われていない道幅が明らかに広い道路に入ろうとするとき 4．道路標識等による徐行指定場所を通行するとき 5．左右の見通しのきかない交差点に入ろうとし、または交差点内で左右の見通しがきかない部分を通行しようとするとき 6．曲がり角付近、上り坂の頂上付近、急な下り坂を通行するとき	20
優先判断不良	他の車両の進路の前方に出るか、もしくは出ようとしたため進行妨害にならない程度で他の車両等に速度を減じさせ、停止させ、または方向を変えさせるなどの迷惑を及ぼした次の場合 1．交通整理の行われていない交差点において、交差道路を左方から進行している車両に対するとき 2．交通整理の行われていない交差点において、交差道路が優先道路である場合に交差道路を通行する車両に対するとき 3．交通整理の行われていない交差点において、交差道路が明らかに道幅の広い道路である場合に、交差道路を通行する車両に対するとき 4．交差点で右折する場合に、直進し、または左折しようとする車両に対するとき	10
進行妨害	進行妨害をし、または進行妨害をするおそれがある次の場合 1．交通整理の行われていない交差点において、交差道路（交差道路が優先道路や明らかに広い場合を除く）を左方から進行してくる車両に対するとき 2．交通整理の行われていない交差点において、交差道路	危険行為

| 進行妨害 | が優先道路である場合に、交差道路を通行する車両等に対するとき
3．交通整理の行われていない交差点において、交差道路が明らかに道幅の広い道路である場合に、交差道路を通行する車両等に対するとき
4．交差点で右折する場合に、直進し、または左折しようとする車両等に対するとき | 危険行為 |

6　右折

　できるだけ道路の中央（センターラインから0.5メートル以内）に寄り、右折の合図をします。右折するときは対向車の進路を妨害しないようにし、交差点の中心（標示）のすぐ内側（2メートル以内）を徐行して通過します。

減点細目	適　用　事　項	減点数
合図不履行	1．右折（転回を含む）の合図をまったくしない場合 2．交差点または転回しようとする地点から、30メートル手前で右折の合図をしない場合 3．右折が終わるまで右折の合図を継続しない場合 4．右折が終わっても合図をやめない場合	5
右左折方法違反	1．右折する場合に、交差点の中心（標示があるときはその標示）の直近の内側から、左前車輪がおおむね2メートル以上離れて通行した場合 2．右折する場合に、交差点の中心の外側を左前車輪が通行した場合	5
安全不確認（交差点）	交差点に入ろうとし、もしくは交差点内を通行する場合に、交差点の状況に応じ交差道路を通行する車両等、反対方向から進行してきて右折する車両等、または交差点もしくはその直近で道路を横断する歩行者もしくは軽車両に対する安全の確認をしない場合	10

7 左折

　路側帯から0.5メートル以下、道路左側端から1メートル未満に車を寄せ、徐行して通過します。

減点細目	適用事項	減点数
巻き込み防止措置不適	左折するときに、巻き込み防止のための措置をしなかった場合	10
合図不履行	1．左折の合図をまったくしない場合 2．交差点から30メートル手前で左折の合図をしない場合 3．左折が終わるまで左折の合図を継続しない場合 4．左折が終わっても合図をやめない場合	5
右左折方法違反	道路標識等により通行すべき部分を指定されている場合を除き、左折する場合に交差点内の道路左側端からおおむね1メートル以上離れて通行した場合	5

8 周回道路・幹線道路

　周回道路・幹線道路では左側寄りの通行帯を通行し、ただちにスピードを上げて指定の速度にします。

減点細目	適用事項	減点数
ふらつき（小）	車幅のおおむね1/2未満の振幅で左右にS字状に走行した場合、または車幅のおおむね1/2未満の範囲内で、右または左のいずれか半円状に走行した場合。なお、カーブでハンドルの切りすぎや戻し遅れにより、道路の中央寄りを走行した場合も適用される。	10
ふらつき（大）	ふらつきの状態が大きい（振幅がおおむね車幅の1/2以上）場合	危険行為

減点細目	適用事項	減点数
路側帯通行	路側帯を通行しまたは通行しようとした場合	10
通行帯違反	1．通行の区分が指定されていない車両通行帯の最も右側の車両通行帯を通行し、または通行しようとした場合 2．三以上の車両通行帯が設けられている道路の左側から一番目以外（最も右側を除く）の車両通行帯を通行し、他の自動車の通行を妨げることとなる場合 3．通行区分が指定されている車両通行帯を指定された通行の区分によらないで通行し、または通行しようとした場合	10
右側通行	1．道路の中央から右の部分にはみだしたり、はみだそうとした場合 2．追い越しのため、右側にはみだして通行することが禁止されている道路で、これに違反して通行した場合	危険行為
速度超過	道路標識等により最高速度が指定されている道路ではその最高速度、その他の道路では政令に定める最高速度、または場内試験で速度指定区間の指示速度をそれぞれ超過した場合	20

9 カーブ

　カーブの手前でアクセルをもどし、エンジンブレーキをきかせ、ブレーキを使用してスピードを落とします。カーブの後半でハンドルを戻すころにアクセルを踏み、加速し、カーブを通過したらさらに加速します。

減点細目	適用事項	減点数
惰力走行	1．エンジンブレーキを使用すべき速度（おおむね時速25キロを超える速度）から、クラッチを切り、またはギアを中立にして惰力走行した場合。 2．下り坂をクラッチを切って惰力走行した場合。	⑤
	1．制動の必要が予測される状況にもかかわらず、ブレーキペダルに足を移さなかった場合	

減点細目	適用事項	
制動操作不良	2．おおむね時速30キロ以上の走行速度から制動するときに、ブレーキペダルを数回に分けて使用しなかった場合 3．一時停止中にブレーキを踏まない場合	⑤
制動不円滑	上体が前のめりになるようなブレーキ操作をした場合	⑤
速度速すぎ（小）	道路および交通の状況に適した速度より、おおむね時速5キロ未満速い速度の場合または制動時機が遅い場合	10
速度速すぎ（大）	1．道路および交通の状況に適した速度より、おおむね時速5キロ以上速い速度の場合。 2．ブレーキをかけながらカーブに入った場合またはカーブ内でブレーキをかけた場合	20

10 障害物

対向車との間に安全な間隔を保てないときは、障害物の手前で速度を落とし、対向車の進行を妨げないようにします。また、障害物との間に安全な間隔（1メートル以上）を保つようにします。

減点細目	適用事項	減点数
側方等間隔不保持	1．対向車との行き違いまたは人が乗っていない車両、建造物等の側方を通過するとき、側方間隔が0.5メートル未満の場合 2．人が乗っている車両との側方間隔が1メートル未満の場合	20

11　坂道（けん引免許の技能試験には坂道の課題はありません）

坂道で一時停止し、発進の安全確認をして、後退しないように発進します。

減点細目	適用事項	減点数
アクセルむら	1．発進直後、または低速走行中に、試験官の上体が前後に揺り動かされる状態になった場合 2．エンジンを必要以上（おおむね3,000回転）に空転させた場合	⑤
エンスト	アクセルとクラッチ操作不良のため、エンジンの回転が止まった場合	⑤
逆行（小）	0.3メートル以上0.5メートル未満逆行した場合	10
逆行（中）	0.5メートル以上1メートル未満逆行した場合	20
逆行（大）	1メートル以上逆行した場合	危険行為
発進手間どり	発進時機の判断不良、または操作不良のため、おおむね5秒以内に発進しなかった場合	⑩
発進不能	同一場所でエンストを4回行った場合、または他の交通に支障を及ぼすおそれがある場合	危険行為

12　S字（曲線）コース

S字コースに入る前にスピードを十分落とし、2速にシフトダウンします。コースに入ったら内輪差を考えて運転します。基準となる内側後輪をコースいっぱいにそわせるのがコツです。

減点細目	適用事項	減点数
進路変更違反（狭路変更）	コースへ右折しようとした次の場合 1．進路変更をまったくしない場合 2．進路を変え終わったのが、入口からおおむね30メート	5

	ル未満の場合 3．進路を変えたが、道路の中央（センターライン）から 　おおむね 0.5 メートル以上離れている場合 4．コースの入口の直前で左へハンドルを切った場合	
切り返し	操作不良または判断不良のため切返しをした場合	⑤
通過不能	同一コース内において切返しを4回行った場合	危険 行為
接輪	縁石に車輪が接触した場合	5
脱輪 （小）	車輪が縁石に乗り上げてから、またはコースから逸脱して、おおむね 1.5 メートル未満走行した場合	20
脱輪 （大）	1．車輪が縁石に乗り上げてから、またはコースから逸脱して、おおむね 1.5 メートル以上走行した場合 2．側溝等に落輪した場合	危険 行為

13　クランク（屈折）コース（けん引免許の技能試験にはクランクの課題はありません）

　クランクコースに入る前にスピードを十分落とし、2速にシフトダウンします。コースに入ったら内輪差を考えて運転します。コースの中いっぱいを使用しないと通過できません。

減点細目	適　用　事　項	減点数
進路変更 違反（狭 路変更）	コースへ右折しようとした次の場合 1．進路変更をまったくしない場合 2．進路を変え終わったのが、コースの入口からおおむね 30 メートル未満の場合 3．進路を変えたが、道路の中央（センターライン）からおおむね 0.5 メートル以上離れている場合 4．コースの入口の直前で左へハンドルを切った場合	5
切返し	操作不良または判断不良のため切返しをした場合	⑤
通過不能	同一コース内において切返しを4回行った場合	危険 行為

接輪	縁石に車輪が接触した場合	5
脱輪（小）	車輪が縁石に乗り上げてから、またはコースから逸脱して、おおむね1.5メートル未満走行した場合	20
脱輪（大）	1. 車輪が縁石に乗り上げてから、またはコースから逸脱して、おおむね1.5メートル以上走行した場合 2. 側溝等に落輪した場合	危険行為
接触（小）	障害物に軽く接触した場合	20
接触（大）	障害物に強く接触した場合、または接触状態のまま走行しようとした場合	危険行為

14 鋭角コース（けん引免許の技能試験には鋭角コースの課題はありません）

　大型第二種、普通第二種の技能試験だけにある課題です。切返しのポイントを十分に確認してください。切返しは3回以内で通過します。

減点細目	適　用　事　項	減点数
通過不能	3回以下の切返しで通過できなかった場合	危険行為
接輪	縁石に車輪が接触した場合	5
脱輪（小）	車輪が縁石に乗り上げてから、またはコースから逸脱しておおむね1.5メートル未満走行した場合	20
脱輪（大）	1. 車輪が縁石に乗り上げてから、またはコースから逸脱しておおむね1.5メートル以上走行した場合。 2. 側溝等に落輪した場合	危険行為

15 踏切

　踏切では、必ず停止線の手前（2メートル未満）で一時停止し、必ず窓を開けて顔を左右に向けて確認します。安全確認が終わったら、発進の安全確

認をして2速で発進し、踏切内ではギアチェンジしないで一気に通過します。

減点細目	適用事項	減点数
踏切内変速	踏切を通過中に変速操作を始めた場合	5
安全不確認	踏切に入る直前に、安全を確認するため運転者側の窓を開け、かつ、左右を直接目視しない場合	10
踏切不停止等	1．踏切の手前（停止線が設けられている場合は停止線の手前）からおおむね2メートル未満で停止せず、または停止しようとしない場合 2．踏切のしゃ断機が閉じようとし、もしくは閉じている間、または踏切の警報機が警報している間に踏切に入り、または入ろうとした場合 3．前方の車両の状況により、踏切で停止することとなるおそれがある場合に踏切に入り、または入ろうとした場合	危険行為

16　方向変換

コースの手前でスピードを十分落として端に寄りゆっくりと進みます。後退するときは、後方、周囲の安全に十分に注意します。切返しは3回以内で行います。

減点細目	適用事項	減点数
安全不確認（後退）	後退する場合に、後退する場所の安全を直接目で確認しない場合、後退中に後方と周囲を直接目で確認しない場合	10
接触（小）	障害物に車体が軽く接触した場合	20
接触（大）	障害物に車体が強く接触した場合、または接触状態のまま走行しようとした場合	危険行為

17　縦列駐車（けん引免許の技能試験には縦列駐車の課題はありません）

後退するポイントを十分に確認してください。切返しは3回以内で駐車します。

減点細目	適用事項	減点数
接触（小）	障害物に車体が軽く接触した場合	20
接触（大）	障害物に車体が強く接触した場合、または接触状態のまま走行しようとした場合	危険行為
接輪	縁石に車輪が接触した場合	5
脱輪（小）	車輪が縁石に乗り上げてから、またはコースから逸脱して、おおむね1.5メートル未満走行した場合	20
脱輪（大）	1．車輪が縁石に乗り上げてから、またはコースから逸脱して、おおむね1.5メートル以上走行した場合。 2．側溝等に落輪した場合	危険行為
駐車方法違反	道路の左側端から、車体の左端部が0.3メートル以上離れている場合	10

18　停止・駐車

　発着点に近づいたら左の合図を出し、左端に寄って走行します。停止するときは停止位置を越えないようにブレーキ操作を行い、左端に停止させます。完全に停止したら、まずサイドブレーキをかけ、合図をやめ、ギアをニュートラルから後退または1速にし、エンジンを止め、電気系統のメインスイッチを切り、クラッチから足を離し、最後にゆっくりとブレーキペダルから足を離します。ギアが入りにくいときは一度ニュートラルにして、クラッチをつないでから、もう一度後退または1速に入れます。

減点細目	適　用　事　項	減点数
停止位置不適	1．停止線の手前から2メートル以上離れて停止した場合 2．停止する場所を指示された場合に、停止線やポールから車体の先端が前後それぞれ約0.3メートル以上離れている場合	5
駐車措置違反	発着点に戻り、次の措置をしないで降車した場合 1．サイドブレーキをかけないとき 2．エンジンを止めないとき 3．ギアを後退または1速に入れないとき	5
安全不確認	運転者席直前のドアを車内から開こうとする場合に、直接目で後方を確認しない場合	10
駐車方法違反	発着点に駐車する場合または路端へ駐車するよう指示された場合に、道路の左側端から車体の左側端の一部がおおむね0.3メートル以上離れている場合	10

III 試験が中止される場合（どんなとき試験中止になるか）

　技能試験に合格するには、第一種免許で70点、第二種免許で80点の点数が必要です。したがって、減点が第一種免許で30点、第二種免許で20点を超えると不合格になってしまいますが、その他に次の表に掲げる行為をすると、試験がその場で中止となります。

中止事項	中止適用基準
危険行為等	発進不能・通過不能・脱輪（大）・接触（大）・逆行（大）・暴走・信号無視・安全地帯等進入・右側通行・後車妨害・進行妨害・指定場所不停止・踏切不停止等・安全間隔不保持・追越し違反・割り込み・安全運転義務違反・ふらつき（大）
試験官補助	試験中に、危険を回避するため、または車両および施設の破損を防止するため、試験官がブレーキまたはハンドル操作した場合、または口頭でこれに代わる指示を行った場合
減点超過	減点した合計点が、合格基準に定める成績を得ることができなくなってしまった場合
指示違反	試験実施のための指示、または危険防止のための指示をしたにもかかわらず、これに従わなかった場合

Ⅳ 最後に（試験に臨むにあたって、交通事故をなくすために）

　試験の準備は整ったでしょうか。

　試験の前日は早く寝ましょう。

　試験当日は早く起きて体を動かしておきましょう。

　試験本番ではあせらずにゆったりした気持ちで運転しましょう。

　試験本番では自分は必ず合格するんだという姿勢で臨みましょう。

　しかし、残念ながら不合格になった場合には、試験後の試験官のアドバイスをよく聞いてください。試験官は減点したところについて説明してくれます。そして、次回の試験に役立てましょう。

　よく聞く言葉に、『交通事故のようなものさ。仕方ないよ』、『交通事故だと思ってあきらめよう』という言葉がありますが、これらは取り返しのつかない悪いことが起きてしまったときに相手や自分をなぐさめたり、あきらめようとするときに使われています。

　いかにも交通事故が誰にも止められない、天災のようなものという感じがします。確かに、誰にも止められない天災のような交通事故もあるでしょう。しかし、かなりの交通事故は防げるはずです。そのためには、法規を守ることは当然として、安全確認を念入りにする、危険を予知する、直すべき悪い点を反省するなどの積極的な努力が必要です。

　死角を死角としてそのままにしている人と、死角には何かあるかも知れないと、何度も確認したり、推理を働かせて危険予知の努力をする人や徐行して位置を変えて死角をなくす努力をする人では結果に大きな差が出るでしょう。危ない目に遭った後、ヒヤリとしただけで済んだことをラッキーと考えて、そのままにしている人と、どこが悪かったかを反省する人ではその後の人生に大きな差が出るでしょう。

本書に書いてある『合格の基本と秘訣』はかなりの部分が安全確認に関するものだということがおわかりいただけたと思います。つまり、技能試験の多くの部分が安全確認に関するものなのです。本書にある基本を参考にして、一層の安全確認と危険予知と反省という積極的な努力で『交通事故のようなもの』をなくしていきましょう。

―――――――――――――――
<著者紹介>
―――――――――――――――

木村　育雄（きむら　やすお）

　1950 年（昭和 25 年）生まれ。1974 年（昭和 49 年）早稲田大学理工学部電子通信学科卒業。総合電機メーカーに勤務。1971 年（昭和 46 年）普通第一種免許取得後、神奈川県自動車運転免許試験場で各種の第一種運転免許、第二種運転免許を取得。現在までに、大型・普通・大型特殊・大型自動二輪・普通自動二輪・けん引・大型第二種・大型特殊第二種・けん引第二種の免許を取得。全ての二輪・四輪自動車の運転資格を保有。

　著書：「最新大型トレーラけん引免許」（有紀書房）、「大型第二種免許 - 合格の基本と秘訣」（企業開発センター交通問題研究室）、「大型特殊第一種・第二種免許 - 合格の基本と秘訣」（企業開発センター交通問題研究室）

　連載：全日本交通安全協会 交通安全情報誌セイフティエクスプレス Ｍｒ．免許皆伝の安全運転講座　2002 年 6 月号～ 2004 年 3 月号

けん引第一種・第二種免許
―合格の基本と秘訣―

定　価	本体 1,200 円＋税	
発　行	2009 年 2 月 23 日	初版発行
	2014 年 11 月 1 日	第 3 刷発行
著　者	Ⓒ木村　育雄	
発行者	齋ノ内　宏	
発行所	株式会社　企業開発センター交通問題研究室	
	〒160-0004　東京都新宿区四谷 4-32-8　YKB サニービル	
	☎ 03（3341）4915	
	〒530-0052　大阪市北区南扇町 7-20　宝山ビル新館	
	☎ 06（6312）9563	
発売所	株式会社　星雲社	
	〒112-0012　東京都文京区大塚 3-21-10	
	☎ 03（3947）1021	
印刷所	株式会社　太洋社	

著作権法により、無断コピー、複製、転載は禁じられています。
万一、落丁・乱丁本がありましたら、お取り替えいたします。

ISBN978-4-434-12795-3 C2065